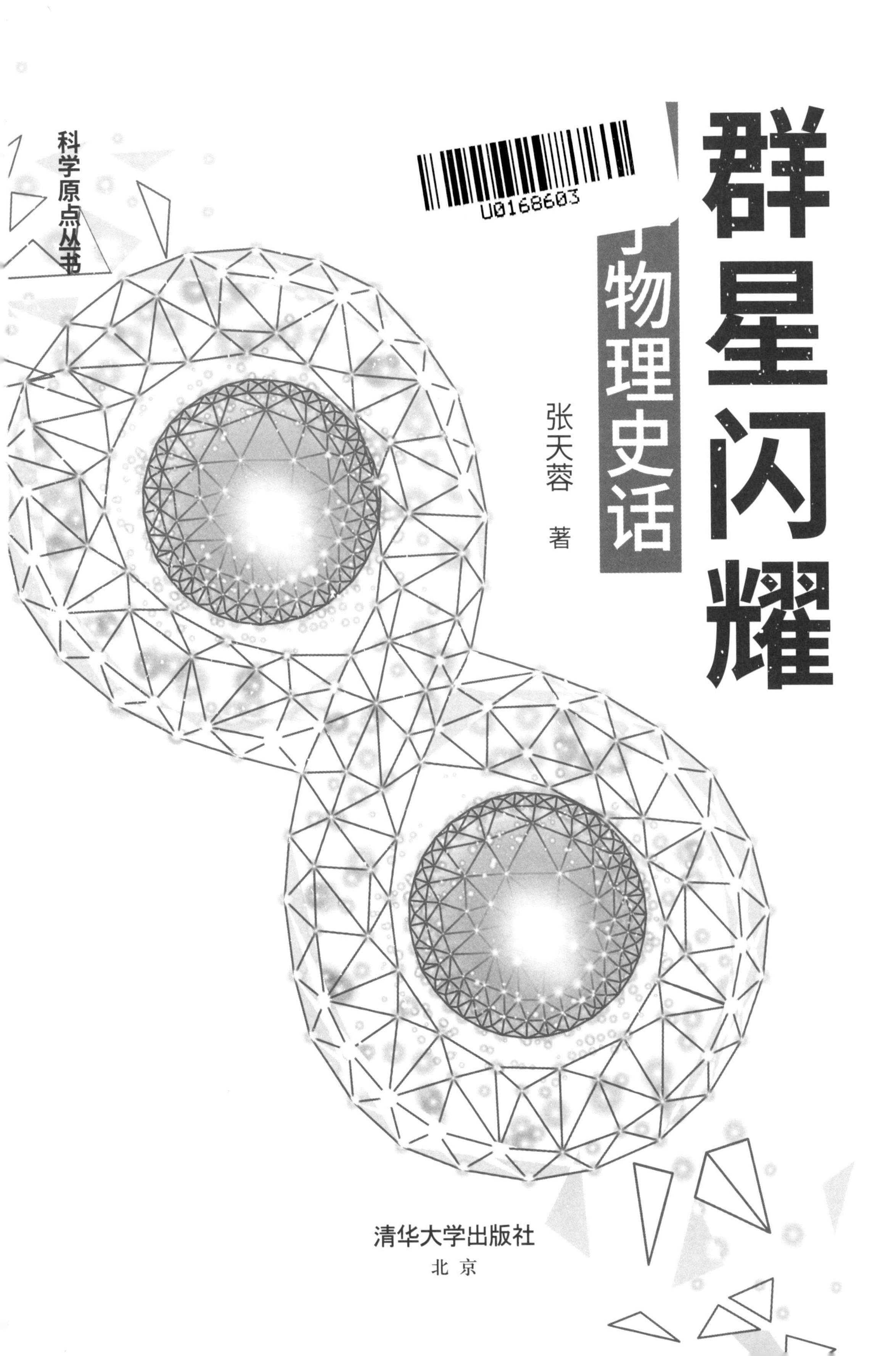

科学原点丛书

群星闪耀

物理史话

张天蓉 著

清华大学出版社
北京

图书在版编目(CIP)数据

群星闪耀：量子物理史话/张天蓉著. —北京：清华大学出版社，2021.8
(科学原点丛书)
ISBN 978-7-302-56504-8

Ⅰ. ①群…　Ⅱ. ①张…　Ⅲ. ①量子论—物理学史　Ⅳ. ①O413-09

中国版本图书馆 CIP 数据核字(2020)第 182551 号

责任编辑：胡洪涛　王　华
封面设计：于　芳
责任校对：刘玉霞
责任印制：丛怀宇

出版发行：清华大学出版社
网　　址：http://www.tup.com.cn，http://www.wqbook.com
地　　址：北京清华大学学研大厦 A 座　　**邮　　编**：100084
社 总 机：010-62770175　　**邮　　购**：010-62786544
投稿与读者服务：010-62776969，c-service@tup.tsinghua.edu.cn
质量反馈：010-62772015，zhiliang@tup.tsinghua.edu.cn
印 装 者：小森印刷霸州有限公司
经　　销：全国新华书店
开　　本：165mm×235mm　　**印　张**：12.25　　**字　　数**：172 千字
版　　次：2021 年 8 月第 1 版　　**印　　次**：2021 年 8 月第1 次印刷
定　　价：59.80 元

产品编号：088154-01

超越经典（代序）

如今，人们经常提到量子，量子到底是什么呢？ 有人说：“量子不就是电子、光子什么的，很小很小的粒子吗？”这句话不全对：量子不是任何粒子，但的确和“很小”有关！

一般地说，量子不是实物，而只是一种理论，一种说法，一种概念。固然，历史上也用过“光量子”一词，但实际上它就是光子。所以，一般不将“量子”看作粒子，而用它代表对量子力学、量子理论、量子现象等这些描述微观世界之物理概念的一种泛称。

量子一词来源于拉丁语，原意是不可分割，指的是物理量的不连续性，表征微观粒子运动状态的物理量只能采取某些分离的数值，也叫作被“量子化”。

可以用日常生活中的例子，如斜坡和楼梯，来比喻量子化。斜坡代表连续的高度变化，而楼梯则是“量子化”了的高度变化。

20 世纪初期的物理学，接连经历了两次革命——相对论和量子力学。它们在人类科学发展史上，写下了浓墨重彩的一笔。相对论描述高速运动，量子力学描述微观规律，这两场革命突破了牛顿力学及麦克斯韦电磁场理论的经典观念，在许多方面改变了人类对大自然，对物质、时空、因果性等的基本认识，带动了 20 世纪整个自然科学和技术的发展，为人类文明开辟了新纪元。

然而，这两次物理学革命有一个显著不同的特点：相对论的建立几乎是爱因斯坦一个人的功劳，或者加上其他几个人的少量贡献。而量子力学却是群体的产物，它是当年最出色和最富激情的一代物理学家们集体努力的成果，是由众多耀眼的群星共同创建起来的丰碑。量子力学的建立及发展过程不愧为一个奇迹，其历时之久、人物之众、概念之深、争论之剧，都是科学史上前所未有的。

回顾当年量子力学创建的历史，那是一段群星璀璨、人才辈出的年代。普朗克、爱因斯坦、玻尔、德布罗意、玻恩、薛定谔、泡利、海森堡、狄拉克、贝尔……一个个闪光的名字！其中有开天辟地的老前辈，有思想深邃的大师，有初出茅庐的年轻学子，有奇思妙想的幻想者，也有埋头苦干的书呆子……

那一代物理人的共同特点中，最令人瞩目的是他们的年龄。看看当年那一批争奇斗艳、光彩夺目的科学明星们吧，当他们对量子力学做出重要贡献时，大多数是20～30岁的年龄。

爱因斯坦1905年提出光量子假说，26岁。

玻尔1913年提出原子结构理论，28岁。

德布罗意1923年提出德布罗意波，31岁。

海森堡1925年创立矩阵力学，24岁；1927年提出不确定性原理，26岁。

还有更多的年轻人：泡利25岁，狄拉克23岁，乌仑贝克25岁，古德施密特23岁，约尔当23岁……和他们比起来，36岁的薛定谔，43岁的玻恩，42岁的普朗克，该算是叔叔们了。

因此，量子力学是一首少年英雄们谱成且奏响了100多年的宏伟交响曲！

当我们回望量子论的历史，就像远航的水手回望当年给他（或他的祖先）指点航道的一座座灯塔。灯塔上的灯光忽明忽暗。年轻的水手们一个个航行远去，后方的灯塔越来越多，远处灯塔的灯光显得越来越暗淡，最后水手自己也变成了一盏灯，隐藏在历史的灯海中……

漫漫百余年，量子物理学跨越了一个又一个里程碑，成果斐然，而又百般不易，每前进一步似乎都举步维艰。

量子力学的建立和发展分为几个阶段。开始20多年是萌芽阶段，从经典物理碰到了与实验不符合的困难，晴朗天空上出现小乌云开始。1900年，普朗克在经典框架下引进“量子化”的想法来解决黑体辐射问题，之后，爱因斯坦、玻尔、索末菲等人继承其方法，解决了许多诸如此类的问题。这段时间之学说被称为“旧量子论”，标志着尚未建立系统的理论，只是对经典物理的某种“修补”方法。这是本书第一篇所描述的人物和时间段。

德布罗意提出的物质波思想，大大启发了物理学家们的灵感。海森堡一马当先，和玻恩、约尔当一起创建了矩阵力学；不久后，薛定谔波动方程问世，并且被证明与海森堡等创建的矩阵力学是完全等效的；又过了几年，英国物理学家狄拉克导出了将相对论和电子自旋包括在内的狄拉克方程。因此，在不到 10 年的时间内，量子理论如井喷似地创建和发展起来。有别于普朗克时代的旧量子论，人们将这一时期的理论称为“新量子论”，也就是如今我们所说的量子力学。量子力学的创建是本书第二篇的主要内容。

如何解释波粒二象性？如何诠释波函数？玻恩提出的概率解释，以及玻尔的互补原理、海森堡的不确定性原理等，共同构成了当年物理学界主流的“哥本哈根诠释”的理论基础。但这种观点却遭到了爱因斯坦的强烈反对。本书第三篇便围绕玻尔和爱因斯坦的几次论战，介绍两位创始人对量子力学的不同观点。玻爱之争中谁也说服不了谁，直到爱因斯坦去世，甚至可以说延续到现在，物理大师们对量子力学的理解仍然未能统一。

狄拉克为了解决从他的方程得到的负能量问题，提出了狄拉克海的假设，从而预言了正电子以及更进一步其他反粒子的存在。之后，这些粒子逐一被实验所证实，狄拉克的假设也成为量子电动力学和量子场论的基础。量子场论后来被扩展应用到两个不同的方向——粒子物理和固体（凝聚态）物理。

当年热烈论战的爱因斯坦和玻尔两位大师虽然都早已驾鹤西去，但物理学界对量子力学基础理论的研究及诠释问题的思考从未停止。玻姆于 1952 年发展了德布罗意的导波概念，提出隐变量理论，之后启发约翰·贝尔于 1964 年导出了著名的贝尔不等式，将爱因斯坦对量子力学的质疑，与玻尔的分歧，变成一个可以在实验室中验证的实验问题。如今，又是 50 多年过去了，贝尔不等式的实验进行得如何呢？得出了怎样的结论？我们在第四篇中将探讨某些实验问题，并且也同时对量子力学所引发的一些哲学思考，以及启发数学家们进行的工作，做一个总结性的描述。

在回顾历史，为量子英雄们画像、树碑立传的过程中，读者不仅可以了解到量子力学诞生和发展的来龙去脉，也能学到量子力学的基本概念和知识。更重要的是，从众多科学家们创建和发展量子力学的思考过程中，体会科学精神，明白科学方法，同时了解科学研究之艰辛，学会像物理学家们一样思考，同物理学家们一起享受成功的乐趣。

量子力学发展的百年历程中，还伴随着两次世界大战。特别是第二次世界大战中，许多犹太裔科学家包括爱因斯坦在内，都受到纳粹的迫害。在艰苦的学术生涯中他们还饱受战乱之苦，许多人被迫远走他乡、流离失所。他们不仅亲历了物理学的这场伟大革命，也切身体会到人类社会的灾难，见证了几十年历史的沧桑。此外，又正是这一代科学家们创建的量子力学和相对论，被应用到核物理中，并促使美国启动了曼哈顿计划，成功造出原子弹，胜利结束了战争。

最后，在附录中总结了一下量子力学 100 多年中的大事记。

目录

第一篇

萌芽期(旧量子论)

1900年，普朗克拨动了晴朗的物理天空上的一朵小乌云，将“量子化”的想法引入了物理学，之后被爱因斯坦、玻尔、索末菲等人继承，此方法历经20余年，解决了许多实际问题。这是对经典物理的量子“修补”，后人称之为“旧量子论”。当年，物理概念尚未完善，数学理论有待建立，但却开始了思想上的一场革命……

1 黑体辐射叛逆经典 普朗克释放量子妖精

1.1 量子学之父，已垂垂老矣

1946年夏天的英国剑桥，弯弯曲曲的剑河两岸，既有壮观的哥特式建筑，又有柳绿草青的田园风光。一位老者，步履蹒跚地徘徊于一条田间小路，若有所思，若有所忆，不经意间撞到一个正在玩耍的小男孩。

男孩金发碧眼，看似八九岁的样子，观此身着西装之老者：饱满的前额，几根稀疏的头发纹丝不乱地贴在光秃秃的大脑门上。眼镜下透出的目光，虽沉稳却显无力，使男孩感觉他不似当地人，于是张口便问："老爷爷何方人士？"

老者见孩子聪明可爱，布满皱纹的脸上浮起一丝难得的笑容，仿孩子的语气答曰："在下德国人普朗克也！"不料男孩眼睛一亮："莫非是那位打开潘多拉魔盒，放出了量子小妖精的马克斯·普朗克？"

老者道："正是敝人……"

孩子喜出望外："啊，原来你就是前辈们常提起的量子之父！久仰久仰！"

男孩立即兴奋地拉住老者不放，要听他讲量子妖精的故事……

刚才的对话是笔者杜撰的，但场景和年代却是真实的。那年刚刚停止战乱，大局方定。已经88岁的普朗克，支撑着虚弱不堪的病体，从柏林来到英国，参加英国皇家学会举办的、因战乱而推迟了4年的牛顿诞生300周年纪念会。在所有与会科学家中，普朗克是唯一被邀请的德国人，这固然是基于他在科学界的崇高地位。

让我们来回答男孩的疑问：普朗克何许人也？为何人们称他为"量子之父"？他打开了什么样的潘多拉魔盒？又放出了何种妖精？

田间漫步的普朗克，当年的确是到了行思坐忆的年龄，往事一桩桩浮上脑际……

这次来参加他毕生崇拜的物理学祖师爷牛顿之300年诞辰纪念会，他能不回忆自己“理解和质疑同在，保守与创新共存”的学术生涯吗？皇家学会邀请的专家遍布世界各地，中国人中也有周培源、钱三强、何泽慧等物理天文量子高手被邀。当年的德国人中不乏有名的物理学家，纪念会却独请他一人。悲情伟人，以国以民为先！作为一个热爱德意志的战败国国民，他是否会反思他那盲目的爱国情怀？他又怎能不缅怀自己坎坷磨难的一生呢？还有他破碎的家庭以及在两次世界大战中失去的亲人。

况且，他来参加会议的目的之一，仍然是企图于战后重建德国科学界的地位……

马克斯·普朗克(Max Planck，1858—1947)出身于一个学术家庭，曾祖父和祖父都是神学教授，父亲是法律教授。普朗克是他们这个大家庭中的第6个孩子，在德国北部之城基尔出生(图1-1、图1-2)。

图1-1　邮票上的普朗克

图 1-2　马克斯·普朗克,几十年的岁月沧桑

普朗克从小就是科学的信徒！牛顿的信徒！经典物理的信徒！虽然他从小有音乐天赋,唱歌弹琴都很在行,还曾经准备攻读音乐,但最后仍然舍弃不了更为钟爱的物理。

他的大学数学老师亦尝劝之：弃物理,学别的！因为物理那儿已经有了牛顿和麦克斯韦之理论,经典物理学的大厦完美无缺,凡事皆有路可循、有道可通,似乎已经无题可究、无经可修了,剩下的只是打扫垃圾、填补漏洞而已！

普朗克则淡然答之："吾并非期待发现任何新大陆,仅望深入理解已存的物理学基础,知足也。"

爱因斯坦于 1918 年 4 月在柏林物理学会举办的普朗克 60 岁生日庆祝会上发表演讲曰："科学殿堂各式各样人物多矣,或求智力快感者,或欲追名逐利者。普朗克却非此二类人士,纯粹为虔诚物理之信徒,此吾所以深爱之也。"

1877 年,普朗克转学到柏林洪堡大学,在著名物理学家亥姆霍兹和基尔霍夫、数学家卡尔·魏尔施特拉斯门下学习。普朗克在学术上受益匪浅,但对他们的教学态度却不以为然。例如,普朗克如此评论亥姆霍兹："他让学生觉得上课很无聊,因为不好好准备,讲课时断时续,计算时经常出现错误。"这些经验,促使普朗克自己后来成为一名严肃认真、从不出错的好老师。

1879年，年仅21岁的普朗克获得了慕尼黑大学的博士学位，论文题目是“论热力学第二定律”。之后，在度过了相对平静的十几年教职生涯后，从1894年开始，普朗克被黑体辐射的问题困惑住了。

1.2 解黑体辐射，玩数学游戏

什么是黑体？什么又是黑体辐射呢？

黑体可被比喻为一根黑黝黝的拨火棍，但黑体不一定“黑”，太阳也可被近似地当作黑体。在物理学的意义上，黑体指的是能够吸收电磁波，却不反射不折射的物体。虽然不反射不折射，黑体仍然有辐射。正是不同波长的辐射使“黑体”看起来呈现不同的颜色。例如，在火炉里的拨火棍，随着温度逐渐升高，能变换出各种颜色：一开始变成暗红色，然后是更明亮的红色，进而是亮眼的金黄色，再后来，还可能呈现出蓝白色。为什么拨火棍看起来有不同的颜色呢？因为它在不同温度下辐射出不同波长的光波。换言之，黑体辐射的频率是黑体温度的函数。

物理学家追求的，不仅要知其然，还要知其所以然，所以“然”之后还有更深一层的“所以然”！那么，如何从我们已知的物理理论，得到黑体辐射的频率规律呢？那时候是19世纪末，已知的物理理论有经典的电磁学、牛顿力学，还有玻尔兹曼的统计、热力学等。

1893年，德国物理学家威廉·维恩（Wilhelm Wien，1864—1928），利用热力学和电磁学理论证明了表达黑体辐射中电磁波谱密度的维恩定律，见图1-3中的蓝色曲线。

约翰·斯特拉特，人称第三代瑞利男爵（Rayleigh，1842—1919），基于经典电磁理论，加上统计力学，导出了一个瑞利-金斯公式，如图1-3中红线所示。

但两个结果都不尽如人意：维恩定律在高频与黑体辐射实验符合很好，低频不行；瑞利-金斯公式适用于低频，在高频则趋向无穷大，引起所谓“紫外发散”。

普朗克一开始想到的，是玩弄简单的数学技巧！既然有了实验数据，便可以利用内插法，“造”出一个整个频率范围通用的数学公式来，将两条不同的曲线融合成一条！磕磕绊绊地玩了几年，他居然成功了，普朗克得到了一个(辐射波长 λ，温度 T 时)完整描述黑体辐射谱 $R_0(\lambda,T)$ 的公式：

$$R_0(\lambda,T)=\frac{c}{\lambda^2}R_0(\nu,T)=\frac{C_2\lambda^{-5}}{e^{C_1/\lambda T}-1} \tag{1-1}$$

式中：c 是光速；C_1、C_2 是待定参数，在一定的参数选择下，公式与黑体辐射实验数据符合得很好，两者都近似等于如图 1-3 中的绿色曲线。

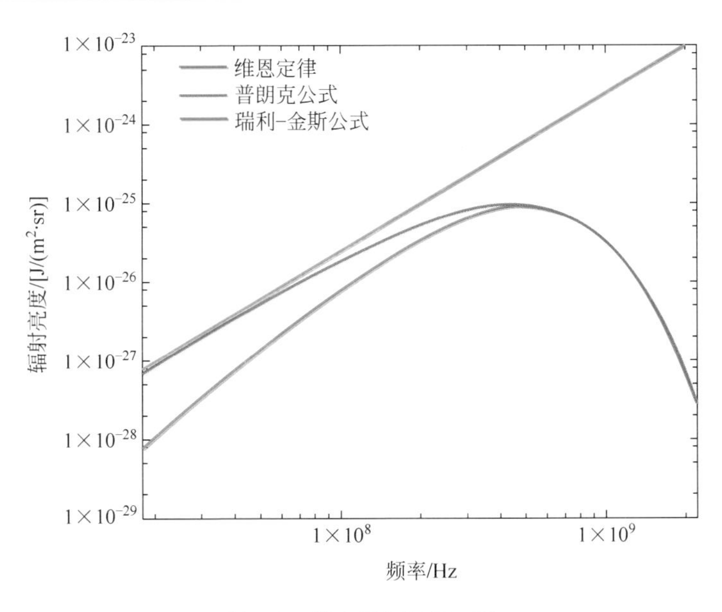

图 1-3 解决黑体辐射问题

1.3 量子小妖精，开辟新天地

普朗克(图 1-4)当然不会满足这种内插法带来的表面符合，他追求的是更深一层的“所以然”！研究物理多年的思维方法告诉他：新曲线与实验如此吻合，背后一定有它目前不为人知的逻辑道理。他并不认为他正在敲击一扇通往新天地的大门，而是虔诚地相信，自然界的规律是可知的，科学将引导人们解释它。虔诚的科学信徒，只是虔诚地沿着科学指引的道路走下去，非功非利，如此而已！

图 1-4　传统物理学家普朗克

不过，他走着走着，时而兴奋，又时而迷惑。兴奋的是他发现有一种物理解释可以使他用理论推导出那条正确的曲线！真是太好了，不需要用实验数据来进行那该死的“内插”，而是纯粹从理论可以推导出一个与实验一致的结果。

但是，这种物理解释使他迷惑，因为需要将黑体空腔器壁上的原子谐振子的能量，还有这些谐振子与腔内电磁波交换的能量，都解释成一份一份的。简单地用现在的物理术语解释，就是说黑体辐射的能量不是连续的，而是“量子化”的。

量子化理论产生的最后结果，使式(1-1)中的两个参数 C_1、C_2，变换成了另外两个参数 k 和 h。

其中的 k 是熟知的玻尔兹曼常数，h 是什么呢？这是一个前所未有的新常数，后人称之为“普朗克常数”。

然后，与对待参数 C_1、C_2 类似的方法，普朗克用从量子化理论推导的公式，拟合当时颇为精确的黑体辐射实验数据，得到 $h=6.55\times10^{-34}\mathrm{J\cdot s}$，玻尔兹曼常数 $k=1.346\times10^{-23}\mathrm{J/K}$，这两个数值与现代值分别相差 1%和 2.5%。基于 100 多年前的理论推导和测量技术，这两个数值已经可以算是很精确了。

那年，1900 年，著名物理学家开尔文男爵发表了他的著名演讲，提到物理学阳光灿烂的天空中漂浮着的“两朵小乌云”，黑体辐射是其中之一。

当时的普朗克对这个新常数，也就是普朗克常数 h 不甚了解。尽管不希望承认“量子化”能量的概念,但他心想:如此一个小量,难道会是一个妖精吗?42岁的普朗克,天性平和保守,反对怀疑和冒险,但这次他面对一个两难局面。他战战兢兢地抬头望天,身边放着他完成了的论文,就像是童话故事中潘多拉的魔法盒子!这里面藏着的小妖精该不该放出来呢?也许它能解决经典物理中的某些问题,驱除乌云,恢复蓝天!也许它将如同石头缝里蹦出的孙猴子,挥动金箍棒,将世界搅个地覆天翻?

普朗克不愿意释放一个怪物出来扰乱世界,但又不甘心将自己斗争了6年的科学成果束之高阁。妖精总是要出来的,天意不可违啊!最后,普朗克决定不惜任何代价孤注一掷。1900年12月14日,普朗克在柏林科学院报告了他的黑体辐射研究成果,这个日子后来被定为量子力学之诞辰。从此之后,魔盒被打开,标志着量子力学范畴的这个妖精(h)就此诞生了[1]。

其实当时,普朗克的报告尚未引起广泛的注意,人们的思维具有惯性效应,总会产生时间延迟,科学家群体也难免。但只有普朗克自己,被自己释放出来的小妖精扰得诚惶诚恐、坐卧不安。他在提出了量子论之后的多年,竟然都在尝试推翻自己的理论。世界应该是连续的啊,怎么会像楼梯那样一格一格地跳呢?莱布尼茨就说过,“自然界无跳跃”。普朗克也如此认为,因此,他总想不用量子化的假设也可以得到同样的结果来解释黑体辐射。妖怪放出来了,又想把它押回去关起来,谈何容易!普朗克努力多年未果,最后只好承认妖精的存在,也对一般的科学质疑发表了几句似是而非的话:

“要接受一个新的科学真理,并不用说服它的反对者,而是等到反对者们都相继死去,新的一代从一开始便清楚地明白这一真理。”

普朗克常数 h 引出的量子故事还长着呢,我们暂且打住,回到量子之父其人。

1.4　悲情殉道者·晚年自唏嘘

普朗克幸福的家庭,就像他的经典物理信仰一样,在两次世界大战中崩塌。

普朗克的妻子于1909年去世,他的长子在战场战死,两个女儿在战争期间死于难产。他的二儿子埃尔文,被卷入到刺杀希特勒的事件中,被纳粹投入监狱。普朗克曾经上书希特勒，却也未能救出他的儿子，其于1945年被处以绞刑。

在普朗克87岁那年，他位于柏林的家在一次空袭中被摧毁，他的藏书和许多研究成果都没有了。

到剑桥参加牛顿诞生300周年纪念会后的第二年，普朗克在哥廷根逝世。

他的墓碑恐怕比谁的都要简单：一块长方形的石板，上方刻着MAX PLANCK（图1-5）。

图1-5　普朗克的墓碑

墓碑最底部粗看像花纹，细看才能发现，图案中间刻着一串字：$h=6.62\times10^{-34}\mathrm{W\cdot s^2}$。那是普朗克常数的近似值，普朗克为人类科学做出的最大贡献，这个量子世界的小妖精！

2 爱因斯坦破解光电效应　波粒二象概念创新

尽管普朗克的物理内功高强，名震学界，但他当年解决黑体辐射问题上笼罩的这片“小乌云”时，毕竟已经是42岁的中年人。后来，他又不明不白地自我怀疑斗争了好几年，企图将释放出来的量子小妖精用传统功夫压回到经典物理的潘多拉盒子中去！这前后一折腾，普朗克就差不多快到“知天命”的年龄了。随着年岁增加，普朗克的创新精神逐渐减少，但眼光仍然不凡，特别是一眼看中了后来鼎鼎有名的科学巨匠爱因斯坦。

2.1 大巧若拙、大智若愚

话说那年头，也有少数几个年轻人，被普朗克放出的量子妖精引诱迷惑，不声不响地暗暗修炼“量子化”功夫，其中就包括在瑞士伯尔尼专利局做三级小职员的爱因斯坦。

阿尔伯特·爱因斯坦(Albert Einstein,1879—1955)比普朗克小21岁，是在德国出生的犹太人。这孩子不像是一个早熟的天才，而是一个3岁才开始说话、令父母担心、大器晚成的“奇葩”儿童。他读中学时，从事电机工程的商人父亲曾经显得有点忧郁地咨询儿子的老师：“这个孩子将来从事什么职业好啊？”得到的回答是，什么职业都可以，反正他不会有大出息！

普朗克在柏林科学院做他的黑体辐射报告时，刚大学毕业的爱因斯坦正为了找工作而四处奔忙。爱因斯坦虽然从小就被老师认定了“没大出息”，但他并不自暴自弃，还深爱物理，立志从事科研工作！1900年，爱因斯坦大学毕业时，已经在德国的权威杂志《物理年鉴》上发表了研究毛细现象的学术论文，并且决定继续攻读物理博士学位，但因为他想申请当老师的助手而未被接受，所以为了糊口不得不首先找个工作。

最后，在他的数学家朋友、大学同学马塞尔·格罗斯曼的父亲的帮助下，爱因斯坦成为瑞士专利局的一名小职员。

小职员的工作较轻松，使爱因斯坦有时间研究他喜爱的物理，并利用业余时间攻读完成了博士学位。

晚熟孩子的优点就是因为有自知之明而勤奋刻苦、持之以恒，不偷懒耍滑，不靠小聪明。就像学习武功一样，有些所谓的“聪明人”，喜欢练习简单招式并号称几遍就学会；而迟缓一点的，则能靠时间和刻苦来积累起深厚的内力，此乃真功夫也，爱因斯坦便属于这一类！

2.2 解光电效应，一鸣便惊人

厚积薄发，一鸣惊人！爱因斯坦在他的奇迹年——1905 年，终于突然迸发出天才伟人的耀眼光辉。那一年，他接连发表了 4 篇论文，篇篇逆天，篇篇惊人，篇篇伟大，篇篇都是里程碑。

一解光电之效应，开继量子天地；

二算布朗的运动，发展随机统计；

三建狭义相对论，时空合为一体；

四立质能间关系，揭示深层原理。

下面说说与量子论有关的光电效应。1887 年，德国物理学家海因里希·赫兹发现，紫外线照到金属电极上，会产生电火花，后人称之为光电效应。

根据当时被物理学界接受的“光的电磁波理论”，光是连续的电磁波。因此，光电效应中产生的光电子的能量，应该与光波的强度有关。但是，在 1902 年，菲利普·莱纳德做了一个非常重要的实验。他首先利用真空管里的光，在某种材料表面打出光电子，然后用一个非常简单的电路来测量光电子的能量。从实验结果，他惊奇地发现光电子的能量和光的强度毫无关系，只与频率有关。

也就是说，与普朗克当初研究的黑体辐射问题有些类似，光电效应的实验结果令物理学家们困惑。

不过,很快地,1905 年 6 月,爱因斯坦发表了他的重磅论文《关于光的产生和转化的一个启示性的观点》,成功地解释了光电效应[2](图 2-1)。

图 2-1　爱因斯坦(1905 年)及其光电效应方程

爱因斯坦在这篇论文中,做了一个与普朗克解决黑体问题时类似的假定:假设电磁场能量本身就是量子化的,频率为 ν 的电磁场的能量的最小单位是 $h\nu$。这儿的 h,就是普朗克解决黑体辐射问题时使用的普朗克常数,爱因斯坦将这种一份一份的电磁能量称为"光量子",也就是后来被人们所说的"光子"。

利用爱因斯坦的光量子能量关系式,就很容易正确地解释莱纳德发现的光电效应规律了。在同一年,爱因斯坦又接连发表了他的另外 3 篇论文,包括一篇狭义相对论的。

同为德国人的普朗克,当然注意到了这位物理界的年轻明星。不过,当时的普朗克仍然为自己释放的量子妖精而耿耿于怀,他还在努力,试图把量子化假设回归于经典物理的框架中。所以,他最为推崇的是爱因斯坦的狭义相对论,而不是光电效应解释。

并且,普朗克自己也对狭义相对论的完成做出了重要的贡献。由于普朗克当时在物理界的影响力,相对论很快在德国得到认可。同时,普朗克也积极热心地向各个大学和研究所推荐爱因斯坦，以帮助他得到一份教职。他将爱因斯坦称为“20世纪的哥白尼”。

对爱因斯坦的光量子假说，普朗克则持那么一点点反对态度，因为他并不准备放弃麦克斯韦的电动力学，他顽固地坚信光是连续的波动，不是一颗一颗的粒子。普朗克如此驳斥爱因斯坦：

“君之光量子一说，使物理学理论倒退了非数十年，而是数百年矣！惠更斯早已提出光为连续波动而非牛顿所言之微粒也！”

爱因斯坦的经历，也许能给我们一点启迪：何谓天赋？需要谨慎定义之。表面看起来不言不语、发育迟缓的“笨”孩子，没准儿是个隐藏的天才哦！可谓“大音稀声，大象无形”也。况且，人生一世成功与否，在于“六分努力，三分天赋，一分还靠贵人来相助”。

2.3 机遇加天赋，贵人来相助

帮助爱因斯坦的贵人中，除了他的那位帮他找工作的数学家朋友格罗斯曼外，普朗克也算一个。格罗斯曼后来将黎曼几何介绍给爱因斯坦，为他建立广义相对论起了关键的作用；普朗克则是少数几个首先发现狭义相对论重要性的人之一。

当时，有一个叫欧内斯特·索尔维的比利时企业家，欲在布鲁塞尔创办一个学会。1911年秋天，普朗克和能斯特等鼓动他通过邀请举办了第一届国际物理学会议，即第一次索尔维会议(图2-2)。会议主席为德高望重的荷兰物理学家洛伦兹。主题则定为“辐射与量子”，专论刚刚登台的量子力学之方法与理论。

这也算是量子物理之第一次武林大会，虽不似16年后(1927年)的第五次索尔维会议的阵容那么壮观强大，却也有经典物理派的众多高手云集，且是讨论量子问题的开天辟地第一回，其意义不可小觑。

两位量子理论创建者，偏保守的普朗克和当时代表革命派的爱因斯坦，分别站立于后排左右两边上第二的位置，普朗克深邃的目光沉稳而固执，爱因斯坦的身子则随意地微微前倾，好像是正在注意着坐在前排中间的居里夫人和庞加莱：他们在讨论什么呢？不应该是量子吧，是相对论？还是质能关系？

图 2-2　第一次索尔维会议(1911 年)

坐者(从左至右):沃尔特·能斯特、马塞尔·布里渊、欧内斯特·索尔维、亨德里克·洛伦兹、埃米尔·沃伯格、让·佩兰、威廉·维恩、玛丽·居里、亨利·庞加莱;站者(从左至右):罗伯特·古德施密特、马克斯·普朗克、海因里希·鲁本斯、阿诺·索末菲、弗雷德里克·林德曼、莫里斯·德布罗意、马丁·努森、弗里德里希·哈泽内尔、豪斯特莱、爱德华·赫尔岑、詹姆斯·金斯、欧内斯特·卢瑟福、海克·卡末林·昂内斯、阿尔伯特·爱因斯坦、保罗·朗之万

会议中与普朗克的讨论,使爱因斯坦十分满意。在光量子等问题上,爱因斯坦终于基本上说服了普朗克。爱因斯坦也指出低温下比热容的不正常表现,是又一个无法用经典理论解释的现象。经典理论的确需要新的、革命的观念!也可能是因为保守的普朗克有了这位年轻人的支持,对自己开创的理论有了更多的信心,加之普朗克多年反对"量子化"却又失败了的努力,使他在潜意识中不得不承认,他发现的这个常数 h,其值虽小,内力却深厚无比。这个小妖精在微观世界中是真实存在的,不可能将它设成 0 而得到与实验事实符合的结果!

因此,两位量子先驱从此相谈甚欢,结下了深厚的友谊。两人对音乐的共同爱好也加深了他们之间的友情。此后,他们便经常召集其他几位物理及音乐之同好,一起在普朗克家里聚聚。在思考物理理论问题之余,一个弹钢琴,一个拉小提琴,也有人哼歌,来场欢乐的音乐会,岂非学术界人士生活中的一大美事也?

后来,普朗克成为柏林大学的校长,1913 年,爱因斯坦应普朗克之邀,赴柏林担任新成立的威廉皇帝物理研究所所长和柏林大学教授，同年当选为普鲁士科学院院士。从此，爱因斯坦有了一个稳定的发挥才能的平台。

2.4 预言激光，贡献不凡

如今人们提到爱因斯坦对量子理论所做的正面工作，大多只记得他解释了光电效应。然而实际上，爱因斯坦当年对量子力学所做的贡献，远不止光电效应一项（图 2-3）！他比普朗克更为深刻、更为早得多地认识到量子化的重要性！看看爱因斯坦除了解释光电效应之外对量子力学的贡献：

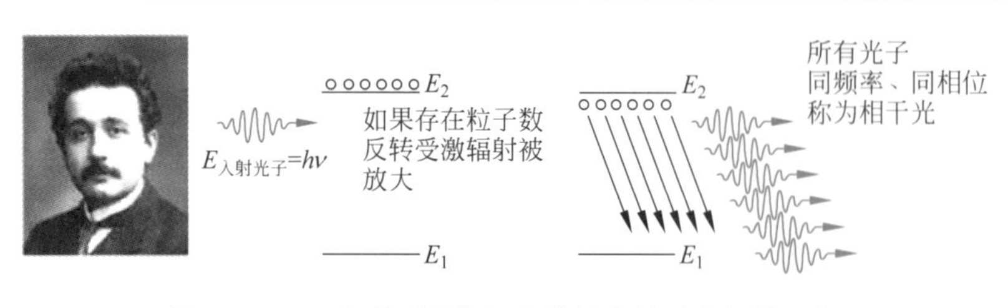

图 2-3　1917 年的爱因斯坦和他提出的受激辐射示意

1906 年，用光量子假说解决了固体比热理论，指出普朗克量子假说的真实物理含义；

1906 年，指出普朗克黑体计算中的逻辑矛盾：既用能量量子化，又使用连续经典电磁场方程；

1909 年，提出光的波粒二象性思想；

1916 年，将普朗克辐射公式重新进行纯量子推导，只利用光量子假设和玻尔的定态跃迁假设；

1916 年，提出受激辐射理论，预言激光；

1924 年，玻色-爱因斯坦统计；

1925 年，支持德布罗意物质波思想，促使薛定谔建立波动力学方程；

……

然后就是后来站在量子论的对立面与玻尔辩论，提出 EPR 佯谬等，从反面及统一场论的角度推动量子理论的发展和完善。

3
互补性原理玻尔模型　年轻人齐聚哥本哈根

物竞天择，斗转星移，一个多世纪转瞬而逝！开尔文男爵在著名演讲中所言之“两朵小乌云”，已经导致了两场伟大的物理学革命。其人其事俱往矣！然而，言谈笑貌任评说，是非功过写历史。许多动人的故事，至今仍然被人们在茶余饭后津津乐道。

两场革命，即相对论和量子力学，故事虽然迥异，人物却有重叠。两个相对论中，狭义相对论尚可说有洛伦兹、庞加莱、普朗克等杰出人物的少许帮助和参与；广义相对论则几乎完全出自爱因斯坦一人之头脑，可算爱因斯坦单挑的“独门功夫”。而量子力学大不一样，是一个集体创作的巨著！在那几十年里，量子领域是一派“万贤争辉，群雄并起”的局面，各种人物不断涌现出来，有传承正统的名流，也有民间高手隐士。他们一个个皆有所成，或练就了绝世功夫，或发掘出武林秘籍。

诸位看官莫要心急，且容笔者慢慢道来。今之论者，乃量子力学中一名掌门人，尼尔斯·玻尔(图 3-1)！

3.1　少年玻尔爱踢球，觐见国王也较真

话说当普朗克胆战心惊地揭开了潘多拉盒盖之时，在与德国北部接壤的小国丹麦之首都哥本哈根，人们经常见到一位 15 岁左右的英俊少年，与小他两岁的弟弟在一起(图 3-2)。两兄弟手足情深，或奔跑竞赛在足球场上，或并肩散步于街头巷尾。哥哥名叫尼尔斯·玻尔，是我们这篇故事的主角，弟弟名为哈拉尔德·玻尔，他们的父亲克里斯蒂安·玻尔，是哥本哈根大学一位颇有名望的生理学教授。

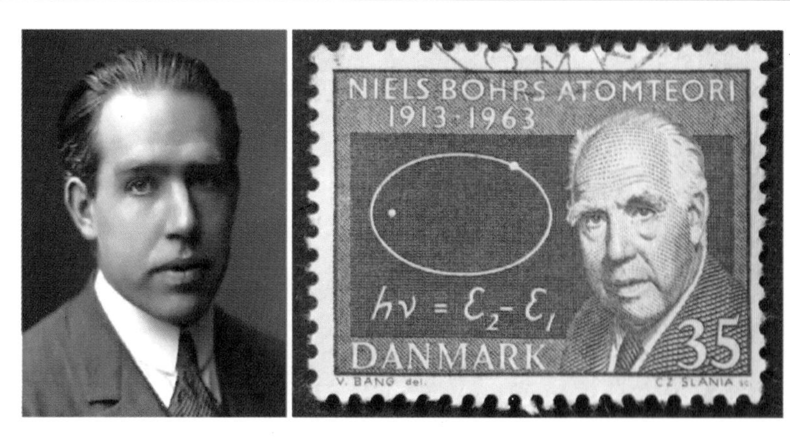

图 3-1 尼尔斯·玻尔

尼尔斯·玻尔(右)和他的数学家弟弟(左)

图 3-2 玻尔兄弟

玻尔真心喜爱和欣赏他的弟弟，两人都是足球高手，但弟弟更胜一筹；两人在学校都是优等生，但尼尔斯内向，哈拉尔德外向且表现更为聪明。弟弟文理皆通、能言善辩。相比较而言，玻尔总觉得自己凡事都比弟弟慢一拍，并且不会说话，显得笨嘴拙舌的。

长大之后，哈拉尔德也表现出他的绝顶才华，他成为颇为著名的足球运动员，是丹麦国家足球队的成员，曾代表丹麦参加了 1908 年夏季奥运会的足球比赛。专业上,他专攻数学,比玻尔更早得到硕士学位。

正是玻尔自认的"笨嘴拙舌",使他话不多疑问却多,不善舞文弄墨却凡事较真。如何较真法?几件小事可见一斑。小学时上图画课,老师让学生以"自家庭院"为题作画。画至一半时玻尔说必须回家,问其何故,答曰,要回家去数数院中围墙栏杆之数目矣!老师本想开导几句,但知道此生认真执着之秉性,只好付之一笑放其回家也。

后来,玻尔顺其兴趣专修物理。1912年,玻尔博士毕业后前往英国,原来准备在诺贝尔奖得主汤姆孙手下工作,却因为他过于"较真"的劲头,使得这份工作告吹。

据说玻尔那天来到卡文迪什实验室,一进门就"啪啦"一下,直愣愣地将两份论文放在汤姆孙面前:一份是自己的,一份是汤姆孙的。玻尔想让汤姆孙指导自己的论文,呈上汤姆孙的论文呢,则是为了当面指出他文章中的若干错误之处!非常遗憾,汤姆孙教授不习惯也不喜欢这种天真率直的学生,因此便久久未给玻尔答复,也不想认真阅读他的论文。不过正好,另一位著名物理学家卢瑟福(曾是汤姆孙的学生)到剑桥大学作报告,汤姆孙便顺水推舟地把玻尔介绍给了卢瑟福。于是,玻尔几个月后转赴曼彻斯特,并和卢瑟福建立了长期的友谊和密切的合作关系。从此以后,玻尔如鱼得水,将研究兴趣集中在了卢瑟福的原子模型上。

1916年,玻尔成为哥本哈根大学教授,得丹麦王召见。国王表示,今日见到"吾国足坛名将"玻尔,喜极乐极也!玻尔一听,知道国王错把自己当成了弟弟哈拉尔德·玻尔,立即正其词曰:

"惜哉,误哉!陛下所言之人,乃臣弟哈拉尔德·玻尔也。"

王犹不悟,玻尔则较真地警示之:"吾名尼尔斯·玻尔也!"

王亦复曰:"朕知之,尔乃吾国之名足球健将也!"

玻尔屡警,丹麦王屡复,终使其王尴尬之甚,将召见迅速了结之。

3.2　原子模型是真经,对应互补皆哲学

剑桥的汤姆孙和曼彻斯特的卢瑟福,是师生关系,但各自都有自己假设的原子模型。汤姆孙发现了电子,于是想出了一个葡萄干蛋糕模型,将电子比为"葡萄干"

嵌于原子"蛋糕"中。并凭此他在1906年获得诺贝尔物理学奖。后来，汤姆孙的学生卢瑟福，利用α粒子攻打原子，即著名的"α粒子散射实验"，证明了原子的正电荷和绝大部分质量，仅仅集中在一个很小的核心上，直接否定了汤姆逊蛋糕模型，提出行星模型，由此而获得了1908年的诺贝尔化学奖(图3-3)。

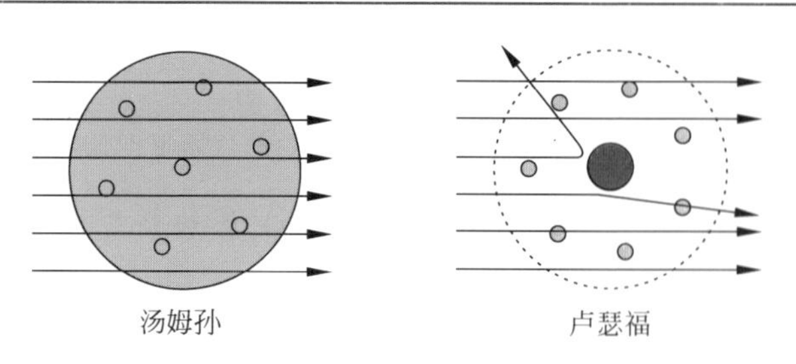

图 3-3 原子模型

在卢瑟福的影响下，玻尔开始研究原子，为什么呢？因为卢瑟福的行星模型还有很多问题。根据经典电磁理论，在电子绕核回转的过程中，会连续发射电磁波，因而，电子将连续不断地损失能量，最后轨道缩小，电子很快就会掉落到原子核上。所以，行星模型是不稳定的！

这是当时原子物理学家面临的难题。玻尔在曼彻斯特停留了短短4个月后，回到丹麦时脑海中已经有了解决问题的模糊想法。因为他听说了普朗克和爱因斯坦两个德国人的工作，他们使用量子化想法解决了黑体辐射和光电效应的问题。当时物理学界对这个量子化假说还比较冷淡，十几年中反应不多。但是，玻尔毕竟是玻尔，是与众不同的、思想开放的玻尔！他那时不过27岁，虽然口才有点笨拙，但年轻气盛、激情满怀，踢起足球来也能跑得飞快！况且，做物理研究又不需要文笔和口才，只需把足球场上的拗劲发挥到科研上就行了。于是，玻尔下定决心，把普朗克的量子假说推广到原子内部的卢瑟福模型上试试看！

皇天不负有心人，回丹麦后的第二年，1913年，玻尔将他的长篇论文《论原子构造和分子构造》分成3次发表，分别于7月、9月和11月连续推出，这就是他的著名的"玻尔原子模型"[3]。

玻尔修正了原子的行星模型,将电子绕核做圆周运动的轨道“量子化”！也就是说,卢瑟福模型中的电子轨道是连续可变的,电子可能运动在任何一个轨道上。而在玻尔的原子图像中,电子只能采取一些特定的可能轨道,离核越远的轨道能量越高,但是,能量(轨道)不能任意取值,而是“一跳一跳”的,有一个限制,限制值(或称跳跃值)又是与普朗克常数 h 有关!

这个量子化的轨道理论又如何解释原子的稳定性呢?玻尔说,当电子在这些可能的轨道上运动时原子不发射也不吸收能量,所以电子的能量不变,轨道半径也不变,因而电子不会掉到原子核上！但是,玻尔又说,电子有可能从一个轨道 A 跃迁到(能量不同的)另一个轨道 B。如果轨道 A 的能量大于轨道 B 的能量,原子就会发射出一个光子;反之,原子就需要吸收一个光子。发射或吸收的光子的频率 ν,与两个轨道间电子具有的能量差 E 有关,即 $E=h\nu$,这儿的 h 是普朗克常数。

玻尔在他的友人汉森的建议下,将原子结构的研究,与当年光谱分析结果联系起来。所以,玻尔原子中的电子,除了可能的能量轨道外,电子的角动量也导致不同的轨道。不同轨道间的角动量差,必须是 $h/2\pi$ 的整数倍。换言之,玻尔把原来普朗克和爱因斯坦只用于能量的量子化概念,也推广到了角动量。因此,玻尔的理论不仅说明了原子结构的稳定性,也成功地解释了氢原子的光谱线规律。1921年,玻尔根据他的理论,结合光谱分析的新发展,解释了元素周期表的形成,并对周期表上的第 72 号元素的性质做了预言。1922 年,基于玻尔对原子结构理论的贡献,他被授予诺贝尔物理学奖。

玻尔将量子的概念引进到原子的轨道和角动量,是一个革命性的飞跃。虽然玻尔模型仍然不是彻底的量子论,只是“半经典半量子”的,因为它仍然使用与量子论相冲突的经典轨道概念;但是,普朗克推导黑体辐射规律,以及爱因斯坦解释光电效应,都只涉及物质以外的辐射和吸收,未解释与物质结构有关的深层原因,这一步是由玻尔的工作完成的。从此以后,物理学家认识到,自然界的一切,包括物质和能量,均由飞跃的、量子化的阶梯构成。遵循这个概念,量子论有了进一步发展的坚实基础。

除原子模型之外，玻尔本人对量子论的贡献，还有他提出的“对应原理”及“互补原理”等，它们对量子论思想的建立，特别是对量子力学的“哥本哈根诠释”，起了一定的作用。但是这两个原理在哲学上的意义或许超过其物理意义，所以在此不给予更多的介绍，感兴趣的读者可搜索相应的参考资料。

玻尔对量子论的另一个重要贡献，是他创建的哥本哈根研究所，以及众多年轻物理学家们为量子理论做出的杰出贡献。

3.3 量子诠释成主流，哥本哈根掌门人

玻尔于1921年创立的哥本哈根大学理论物理研究所(后来叫玻尔研究所)(图3-4)，在当年形成了著名的哥本哈根学派，在创立量子力学的过程中起了重要的作用。几十年来，该研究所走出的科学家中，荣获诺贝尔奖的就有10人以上。

图3-4　玻尔研究所

无论将来量子物理如何发展，如何被诠释，以玻尔为领袖的哥本哈根学派在物理史上的地位不会被抹杀。借用前言中灯塔的比喻，当我们回望历史时，看见指点我们量子航道的一座座灯塔，大多数灯塔上只有一盏灯，普朗克是第一盏，爱因斯坦是第二盏……唯有以玻尔为主灯的那个灯塔上，聚集了好多盏灯！其中包括海森堡、狄拉克、泡利等诺贝尔奖得主，甚至还有朗道这样的巨擘级的物理学家，也曾经在那儿发过光！

哥本哈根学派对量子力学的哥本哈根诠释，在很长一段时间内(基本上是整个

20 世纪)在物理学界都占据主流地位。即使是现在,各种诠释争相而起之时,哥本哈根诠释也仍然具有一定的竞争力。

玻尔研究所以其开放自由的学术气氛为特征,被人誉为“哥本哈根精神”(图 3-5、图 3-6),这种良好学术环境的形成,当然与玻尔这个“掌门人”的人格魅力有关。玻尔有一句名言,充分说明了他的为人。据说当别人问玻尔如何能将这么多年轻人团结到一起时,玻尔说:“因为我不怕在年轻人面前承认自己知识的不足,不怕承认自己是傻瓜。”

玻尔(左)和普朗克(右)

玻尔(左)与朗道(右)在莫斯科大学(1961年)

图 3-5　开放自由的玻尔研究所

图 3-6　约尔当、泡利、海森堡、玻尔等人(从左往右)在研究所全神贯注地听报告(约 1930 年)

苏联科学家朗道，对玻尔十分崇敬，这也多少说明一些问题。朗道何许人也！他在物理界素来以骄傲自负著称，他经常在辩论时口无遮拦、言辞犀利，但他却敬爱玻尔，公开场合时常提到自己是玻尔的学生，虽然他在玻尔研究所工作的总时间并不长。

何谓哥本哈根精神也？除了物理含义之外，它还代表了自由、平等、轻松随便、不拘一格、热烈而又和谐的讨论气氛。

某物理学家（弗里西）尝忆20世纪30年代在玻尔研究所工作之见闻曰：

> 我花了一段时间才习惯了哥本哈根理论物理研究所的这些不拘礼节的行为。例如，一次讨论会上，玻尔与朗道热烈辩论。我走进会场，看见朗道平躺于桌上，而玻尔好像完全不在乎朗道之姿势，只是根据他清晰而直接的思考能力做出对问题的判断。

他们讨论和实验的问题也未见得都是物理问题，例如，玻尔喜欢美国西部电影，经常与同行一起观看。玻尔提出了一个问题，为何在罪犯发起的枪战中英雄总是获胜？玻尔也有一说来解释：根据自由意志做出的决定总是会比无意识地做出的决定更费时，所以，罪犯的计划行动不如自发反击的英雄行动敏捷。玻尔买了两支玩具枪，试图以科学方式检验该理论。最后，乔治·伽莫夫（George Gamow）扮演罪犯，玻尔扮演英雄，据说，“实验”的结果充分验证了玻尔的理论。

笔者的老师惠勒，以前曾在玻尔研究所做研究，他在一次访谈中说道：

> ……例如，早期的玻尔研究所，楼房大小不及一家私人住宅，人员通常只有5个，但它却不愧是当时物理学界的先驱，叱咤量子论坛一代风云！在那儿，各种思想的新颖活跃，在古今研究中罕见。尤其是每天早晨讨论会，真知灼见发人深思，狂想谬误贻笑大方；有严谨的学术报告，亦有热烈的自由争论。然而，所谓地位显赫、名人威权、家长说教、门户偏见，在那斗室之中，却是没有任何立足之处的。

4 贵族公子转行攻科学 德布罗意提出物质波

我们之前介绍的3位量子力学创始人中,爱因斯坦出身于商人之家,其他两位(普朗克和玻尔)的父亲都是教授。本节我们要讲的,第4位量子传承人,则是一位货真价实的法国贵族。

4.1 布罗意家族,政治地位显赫

路易·德布罗意(Louis de Broglie,1892—1987)是著名的法国物理学家,也是第7代布罗意公爵。从他的"姓氏"中有个de就可以看出来他的贵族身份。法国贵族的姓,是de后面跟着封地的名字,在德布罗意这儿,封地名字则是"布罗意"也。第7代的意思容易猜测,不就是传了7个当家人嘛。的确如此,德布罗意的祖先是路易十四和路易十五时代的法国元帅,因此被封为布罗意公爵,然后,便一代一代地世袭下去(图4-1)。

因此,德布罗意家族地位显赫,名人众多。自17世纪以来,这个家族的成员在法国军队、政治、外交方面颇具盛名,数百年来在战场上和外交上为法国各朝国王服务。德布罗意的祖父(第4代)是法国著名评论家、公共活动家和历史学家,曾于1871年任法国驻英国大使,1873—1874年任法国首相。

这样一个外交和政治世家的后代中,如何蜕变出来路易·德布罗意这么一位著名的物理学家呢?这还得从他的哥哥莫里斯·德布罗意(Maurice de Broglie)谈起。

路易14岁时,父亲就早逝了,由比他大17岁的哥哥莫里斯继承了爵位。当然,莫里斯也同时继承了对弟弟路易教育抚养的责任。他不负家族之望,将弟弟送

第1代布罗意公爵，元帅
(1671—1745)

第7代布罗意公爵，物理学家
(1892—1987)

图 4-1 布罗意公爵

进最好的贵族学校，希望弟弟能发扬光大祖辈的传统，成为有名望的外交官或历史学家。

不过，莫里斯的努力好像适得其反，应了那句话：身教重于言教！莫里斯自己就叛逆了祖辈的事业，从 1904 年开始就一直进行物理研究。他从海军军官学校毕业后，在法国海军服役了 9 年，逐渐对物理学产生了兴趣，在法国军舰上安装了第一台无线电设备。但是，当莫里斯向祖父布罗意公爵征求“研究物理”的许可时，老人的回答使他沮丧和反感：

“科学是位老太太，满足于吸引老人。”

最后，祖父逝世了，莫里斯走上了物理之路。他于 1908 年获得物学博士学位，在朗之万手下工作和学习。他对新的 X 射线科学感到兴奋，并在巴黎建立了自己的私人实验室，研究 X 射线。

莫里斯没想到，受他的影响，他的弟弟也走上了科学道路。路易受到哥哥实验室环境的熏陶，激发了对物理的极大兴趣，丢弃了他的历史专业，转而研究思考理论物理问题，并为其奋斗终生而无悔。法国少了一名历史学家，人类多了一位伟大的物理学家！

4.2　索尔维会议,法国学者众多

实际上,路易·德布罗意在主修历史的学生时代,就对科学产生了浓厚的兴趣,主要得益于阅读亨利·庞加莱(Henri Poincaré,1854—1912)的著作《科学的生涯》和《科学与假设》等。

路易·德布罗意出生于以卓越的思想文化著称,且崇尚科学艺术的法国。从17世纪开始,法国的物理及数学界,就是人才济济,群星璀璨:笛卡儿、帕斯卡、费马、惠更斯……还有当年梅森创办的"梅森学院",是科学家们的聚会场所和信息交流中心,也是后来被开明君王路易十四给予丰富赞助成立的"巴黎皇家科学院"的前身。

之前我们介绍过量子物理的首次"华山论剑",即第一次索尔维会议,其中出席的24位学者中,有6位法国科学家,影响德布罗意(文中德布罗意即指路易·德布罗意)的庞加莱便在其中,是照片里坐在中间与居里夫人交谈的那位。居里夫人右边,正在阅读文献的那位让·佩兰,是研究X射线、阴极射线和布朗运动的专家,他后来获得了1926年的诺贝尔物理学奖,见图4-2。

图4-2　第一次索尔维会议中的法国学者(1)

让·佩兰(左)、玛丽·居里(中)和亨利·庞加莱(右)

这第一次的量子大会,对德布罗意的影响极大,主要是因为他的哥哥出席了这次会议并担任会议的科学秘书[图4-3(b),莫里斯也是第二次、第三次索尔维会议

的科学秘书]。因为这个原因，德布罗意有机会接触到会议的许多相关文件，如爱因斯坦和普朗克有关量子化概念的文章等。

(a)　　(b)　　(c)

图 4-3　第一次索尔维会议中的法国学者(2)
(a) 马塞尔·布里渊；
(b) 莫里斯·德布罗意；(c) 保罗·朗之万

读了庞加莱的著作，德布罗意对物理学和科学哲学产生了浓厚的兴趣；他哥哥实验室中对X射线的研究启发了他对波和粒子的思考；第一次至第三次索尔维会议的文件中，有使用量子化概念对黑体辐射和光电效应的计算，有劳厄和布拉格分别做的X射线晶体衍射和反射强度的专题报告；有卢瑟福做的有关《原子结构》的报告等，这些珍贵的文件，使德布罗意对物理学产生了极大的兴趣，决心转学自然科学。在第一次世界大战期间，德布罗意在埃菲尔铁塔上的军用无线电报站服役。后来退伍后，他便跟随朗之万[图 4-3(c)]攻读物理学博士学位。

第一次索尔维会议中，还有一位法国物理学家，马塞尔·布里渊[Marcel Brillouin，图 4-3(a)]，是后来研究晶体结构，以“布里渊区”知名的莱昂·布里渊(Léon Brillouin，1889—1969)的父亲。马塞尔·布里渊曾经是朗之万和让·佩兰的老师，因此德布罗意算是他的“徒孙”了。

马塞尔·布里渊在1919—1922年，曾连续发表3篇论文，有关1913年玻尔提出的原子模型定态轨道的理论。这几篇文章对德布罗意形成物质波思想有很大帮助。

4.3 电子驻波态,解释玻尔模型

玻尔当然不在参加首届索尔维会议的科学家之列,因为他在1913年才发表有关原子模型的论文,在1911年尚是一个无名小卒。即使后来的第二次至第四次索尔维会议,不知道什么原因,也都没有看到玻尔的踪影。在这一点上,比玻尔小7岁的德布罗意,虽然未亲自参加会议,但得益于哥哥,能够近水楼台先得月,早就开始思考"波和粒子"之类的深刻理论问题。

历史本来就是交错进行的,有竖线条也有横线条,许多事件互相纠缠影响,犹如一张纵横交叉的大网。玻尔提出原子模型时,为了符合实验结果,他做了3条假设:定态假设、量子化条件、频率规则。但是,玻尔当年并未弄清楚这三大假设的理论基础,他提出了电子轨道间的跃迁,也没有清楚地解释跃迁之机制,只是作为几条硬性规定放在那儿,让其他人去猜测琢磨。因此,玻尔模型开始时不被物理学界所接受。汤姆孙拒绝对其发表评论,卢瑟福也不赞同,薛定谔则说,那是一种"糟透了的跃迁"。

但玻尔模型毕竟解决了一些问题,那么,应该如何解释和改进玻尔模型呢?许多物理学家仍然走在那条"半经典半量子"的道路上。例如,1916年,德国的索末菲将圆轨道推广为椭圆轨道,并引入相对论修正,提出了索末菲模型。法国的马塞尔·布里渊,提出了一种解释玻尔定态轨道原子模型的理论。他设想原子核周围的"以太"会因电子的运动激发出波,当电子轨道半径与波长成一定关系时,这些波互相干涉形成环绕原子核的驻波,这种说法似乎可以解释电子轨道的量子化,但是需要"以太"的参与,与爱因斯坦的狭义相对论相违背。

德布罗意听到布里渊的见解,高兴了。他把以太的概念去掉,将波动性的来源直接赋予电子本身。也就是说,电子本来就具有波动性!德布罗意想,辐射本来是波动,普朗克和爱因斯坦却赋予它们粒子性,那么,原本以为是粒子的电子,为什么不能也具有波动性呢?

如图4-4所示,电子形成驻波的原子模型,很自然地解释了电子轨道及角动量的量子化假设。此外,驻波当然不辐射能量,这是经典波动学说就有的结论。不

过，德布罗意的假设解释索末菲的椭圆轨道模型有点困难。此外，他当时关于电子波的想法，也只是文字上的说法，没有导出严格的动力学方程，所以人们仍然感到美中不足。

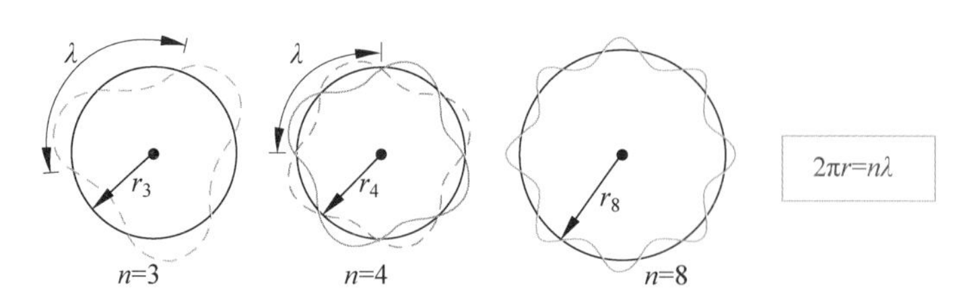

图 4-4　原子中的驻波

4.4　物质波概念，影响广泛深远

经过几年的努力，德布罗意在 1924 年完成了他的博士论文《量子理论研究》，较为详细地解释了他的有关电子波的理论[4]。

他认为，物质粒子与光，都具有波粒二象性。考虑动量和能量为 p、E 的粒子(或物体)，它们也有波长 λ 和频率 ν，表示为

$$\lambda=\frac{h}{p};\quad \nu=\frac{E}{h} \tag{4-1}$$

式中，h 是普朗克常数。对粒子和光子，式(4-1)都成立。也就是说，粒子和光，都既是粒子又是波。式(4-1)即为物质波的德布罗意公式。

德布罗意想象力极其丰富，认为粒子也是波，称之为物质波。德布罗意想象，这种物质波是普适的。一个巨大的物体，也会有相应的波长，不过这个波长接近于零，没有实际意义而已。

对于德布罗意的物质波猜想，朗之万等人觉得很是新颖，但也有些拿捏不准的感觉。1924 年 4 月，在第四次索尔维国际物理学会议上，朗之万谈到了德布罗意的工作。这引起了未参加会议的爱因斯坦的注意。后来，朗之万将德布罗意的论文寄给爱因斯坦。这位伟人给予德布罗意的大胆假设极高的评价：“我相信这是我们揭开物理学最难谜题的第一道曙光。”并将其论文推荐给玻恩和薛定谔等，这才

有了后来的波动方程及其概率诠释之事。

实际上,德布罗意自己对波动性和粒子性等问题,在脑海中反复思考已久,在论文答辩时,他已经有了深入的认识和充分的自信。因此,当让·佩兰问道:“怎样用实验来证实你的理论呢?”

德布罗意胸有成竹地回答说:“用晶体对电子的衍射实验是可以证实的!”

后来,实验物理学家也紧跟着德布罗意的思想,找到了能够支撑其假说的实验结果:1926年夏天,美国贝尔实验室物理学家戴维森在实验中发现电子衍射现象。紧接着,几乎是同时,英国剑桥的汤姆孙也观察到电子束通过薄金箔时有圆环条纹产生,这两个实验为德布罗意波提供了坚实的基础。由此,德布罗意获得1929年的诺贝尔物理学奖,戴维森和汤姆孙也分别获得了1933年和1937年的诺贝尔物理学奖。

4.5　量子传承人,看透人间烟火

德布罗意提出了物质波的伟大假说,但却经常被不明真相的世人诟病,许多人都听过有关这位花花公子或纨绔子弟的传说,但实际上这些谣言与德布罗意做学问的风格相去甚远。还有传说德布罗意靠着“一页纸”论文得到博士学位,更是无稽之谈。网上可以查到德布罗意博士论文的英文版,不是1页,而是81页。

1960年,德布罗意的哥哥第6代布罗意公爵莫里斯·德布罗意去世,路易·德布罗意正式成为第7代布罗意公爵。公爵的世袭头衔并未使德布罗意的生活改变多少。他仍然是理论物理教授,仍然从事科学研究,对人彬彬有礼,绝不发脾气,既是一位贵族绅士也是一位毕生兢兢业业的科学家。

路易·德布罗意从未结婚,一辈子单身。他交过女朋友,有两位忠心耿耿的随从。他喜欢过平俗简朴的生活,卖掉了贵族世袭的豪华巨宅,选择住在平民小屋。他深居简出,从来不放假,是个标准的工作狂。他喜欢步行或搭公车,不曾拥有私人汽车。

1987年3月19日,路易·德布罗意过世,享年95岁。

5
桃李满天下为大师之师　无缘于诺贝尔奖成无冕之王

量子力学之诞生与发展，在当年就已经产生了数十名诺贝尔奖得主。然而，赞赏之余有遗憾，物理学界量子之林中，也有几个光环没有照到的死角。任何奖项都不可能是绝对公平的，多数人是实至名归，但也有几个被“漏奖”的大鱼，令人扼腕叹息！德国物理学家阿诺·索末菲（Arnold Sommerfeld，1868—1951）就是典型的一位[5]。

我们先来列举一下，在本英雄传中出场过的物理高手们（他们的出生年显示于括号中）：

普朗克（1858）、维恩（1864）、瑞利（1842）、爱因斯坦（1879）、玻尔（1885）、汤姆孙（1856）、卢瑟福（1871）、朗道（1908）、居里夫人（1867）、让·佩兰（1870）、庞加莱（1854）、朗之万（1872）、路易·德布罗意（1892）、马塞尔·布里渊（1854）。这些人中大多荣获了诺贝尔奖的桂冠，图5-1中将他们从左到右按照出生之年的顺序排列起来。图中也特别标示出索末菲对物理学的贡献，以及他培养出的学生中的诺贝尔奖得主们。

5.1　攻流体力学，与湍流纠葛

如今的科学界，没有人不知道“爱神”（爱因斯坦）的名字，但却很少有人听过索末菲的名字。不过，如果我们穿越历史回到1900年左右，情况则是相反，那时的爱因斯坦只是个无名的专利局小职员，索末菲却已经是浪迹物理江湖多年的大教授了。那年头，普朗克前辈正在思索黑体辐射之时，索末菲则企图攻克湍流的难题。

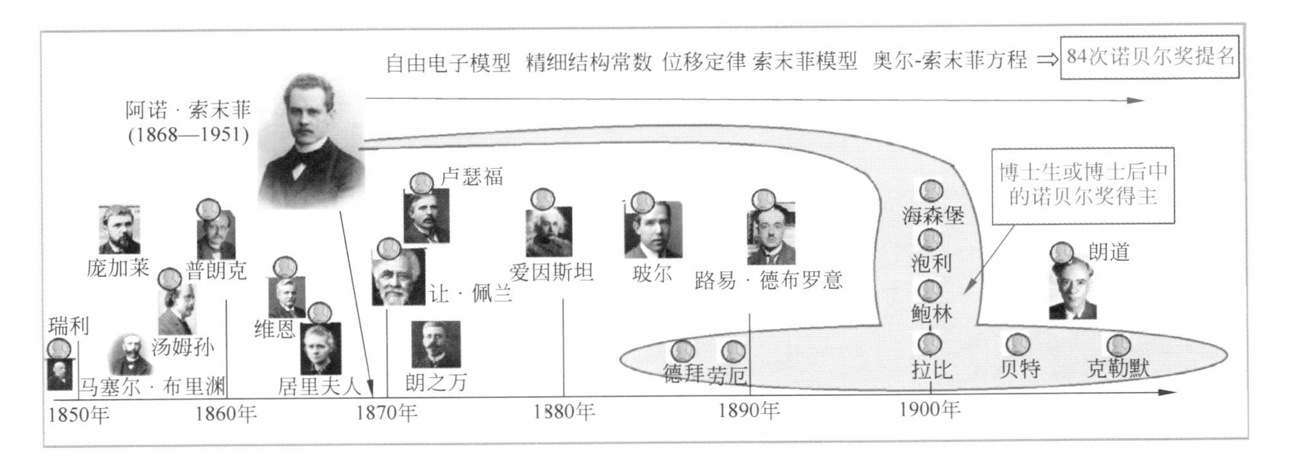

图 5-1 索末菲与诺贝尔奖

攻克湍流，谈何容易！这个领域至今也仍然是一个未解之谜，被称为“经典物理学尚未解决的最重要的难题”。

索末菲比普朗克晚出生10年，比爱因斯坦早出生10年。他们都是德国物理学家。索末菲出生于东普鲁士的柯尼斯堡，据说那是理论物理的发源地，诞生了许多知名人物，如大哲学家康德、作家霍夫曼、大数学家希尔伯特、数学家哥德巴赫、爱因斯坦大力称赞的女数学家诺特等。甚至还有一个著名的“柯尼斯堡七桥问题”，也与该城市有关，大数学家欧拉因解决这个数学难题而创建了图论。

柯尼斯堡当年是德国文化的中心之一，有一种特殊的博学和文化的氛围。柯尼斯堡如今属于俄罗斯，叫加里宁格勒。索末菲诞生并成长于如此的“风水宝地”，得天独厚，从小便沐浴于科学文化的阳光雨露中。索末菲在柯尼斯堡大学读书时，讲课的教授中便是数学大师云集，名师们的栽培和点拨，使他受益匪浅。之后他到哥廷根大学，又幸运地当上了数学家克莱因的助手。克莱因是研究非欧几何及群论之专家，在大众心目中，以熟知的拓扑例子“克莱因瓶”而著名。

数学气氛如此浓厚，使索末菲的研究课题经常游走于物理与数学之间。在当时的德国，起初实验物理比理论物理更受重视，但后来，在这些精通数学的理论物理学家们(包括索末菲和玻恩)的努力下，形势被翻转过来。索末菲也因此而走上了在数学上极其困难的“湍流研究”之路。

索末菲对湍流相关的流体力学的最主要贡献，是奥尔-索末菲方程(Orr-Sommerfeld equation)。索末菲认为，湍流的发生机制可以转化为一个稳定性分析问题。当流速高于某临界值时，层流变成不稳定，微小的扰动下即会产生湍流。奥尔-索末菲方程是一个微分方程，通过解出方程或者研究其特征值等，可以作为判断流体动力稳定性的条件。

然而，要解出这个方程实在是太困难了！索末菲自己也万万没想到，这个方程，不仅后来困惑自己数年，也困惑自己的学生，以及整个物理学界及数学界研究湍流的同行们多年。海森堡开始时一无所获，后来凭直觉“猜”出答案，20年后林家翘一举成功的生动故事等，此处不表。

索末菲对流体力学付出了几十年的心血和精力,湍流问题成了他一生的纠葛,直到高龄时他仍经常耿耿于怀。20世纪流体力学权威,钱学森、郭永怀等人的老师冯·卡门,在自传中记录了这样一段往事:"索末菲,这位著名的德国理论物理学家,曾经告诉我,在他死前,他希望能够理解两种现象——量子力学和湍流。"海森堡对这段话的说法则有点不同:"索末菲说过,见到上帝时我想问他两个问题:为什么会有相对论?为什么会有湍流?"

不管哪种版本,困惑索末菲一生,企图向上帝寻求答案的疑问中都包括了"湍流"一词,可见这个难题是何等地让他魂牵梦绕、刻骨铭心!

5.2　新原子模型,解释光谱线

除了思考湍流之外,索末菲以其深厚的数学功底,对狭义相对论的数学基础,以及电磁波在介质中的传播等课题,也做出了重要的贡献。

对本书的主题量子理论而言,索末菲也不愧为开山鼻祖之一。他本人的贡献主要是改进了玻尔的原子模型,发现了精细结构常数。

玻尔1913年的原子模型,很好地解释了氢原子光谱线的分布规律,但仍然存在不少问题。一是进一步的实验结果发现,氢原子光谱线具有精细结构,原来的一条谱线实际上由好几条谱线组成;二是不能成功地解释除了氢原子之外的多电子的原子结构。

针对这些问题,索末菲在玻尔原子模型的基础上做了一些改进,建立了索末菲模型(图5-2)。索末菲的主要观点是认为电子绕原子核运动的轨道不一定是正圆形,而是椭圆形。玻尔模型中的圆形轨道对应于主量子数,而椭圆轨道的引入导致了另外的几个量子数。为此,索末菲首先提出了第二量子数(角量子数)和第四量子数(自旋量子数)的概念。

因为这些额外量子数的引入,电子轨道的能级不仅与主量子数 n 有关,也与角量子数 l 以及自旋量子数 s 有关。自旋量子数是泡利引入来解释反常塞曼效应的。不过当时他使用的形式可能与索末菲使用的不太一样。此外,还有一个第三量子数(磁量子数)m,是角量子数 l 在 Z 轴上的投影。它的作用表现在当原子受外磁场

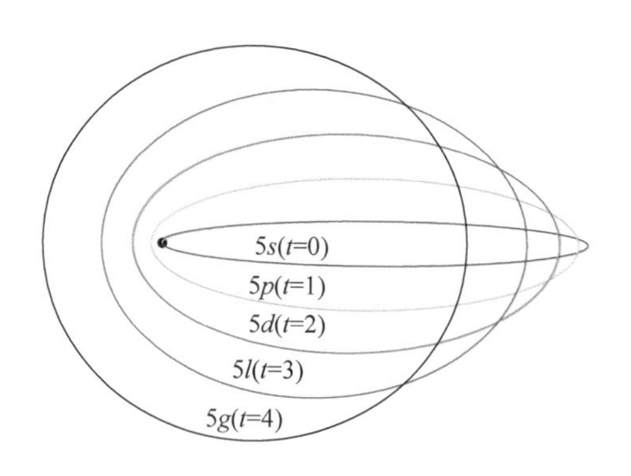

图 5-2　索末菲原子模型

作用时的谱线分裂，即正常塞曼效应。其中 3 个量子数 n、l、m 都取整数值，互相有制约。角量子数不能超过主量子数，磁量子数不能超过角量子数。而自旋量子数 s，则只能取 1/2 和 −1/2 两个值。

5.3　精细结构常数，意义非凡

磁量子数可以解释正常塞曼效应，自旋量子数则可用于解释反常塞曼效应。从索末菲的原子模型可知，不同角动量量子数的轨道之间的能级差正比于某个无量纲常数的平方。索末菲在解释光谱的精细结构时引入了这个常数，即现在所说的“精细结构常数”。

引入精细结构常数后，原子模型中电子的运动速度和能级可以被表示成更为简洁的形式。之后，理论物理的发展，例如量子电动力学、统一理论等，将精细结构常数赋予了更深刻的含义，在世人面前展示了它的奇妙内涵。这是当初发现它的索末菲也未曾预料到的结果。简单地说，精细结构常数是电磁相互作用中电荷之间耦合强度的度量，表征了电磁相互作用的强度。这个耦合常数的解读被扩充到其他的 3 种基本相互作用。换言之，每种相互作用都对应一个耦合常数，其数值的大小表征该相互作用的强度。例如：强相互作用的耦合常数约为 1，大约是电磁相互作用的精细结构常数(1/137)的 137 倍，此外，弱相互作用的耦合常数约为 10^{-13}，引力相互作用的耦合常数为 10^{-39}。从这几个数值，大略可知 4 种相互作用强度之比较。

精细结构常数 α,非常奇妙地将电荷 e、普朗克常数 h,以及光速 c 联系在一起:

$$\alpha = \frac{e^2}{2\varepsilon_0 hc}$$

式中,ε_0 是真空电容率;e 是基本电荷;h 是普朗克常数;c 是光速。

这后面 3 个常数分别表征现代物理中 3 个不同的理论:电动力学、量子力学和相对论。它们(e、h、c)组合在一块儿构成了一个无量纲的常数 α,即精细结构常数。有趣的问题是,常数 α 将这 3 个理论联系在一起,有什么深奥的武林秘诀藏于其中吗?此外,常数 α 的数值约等于 1/137,这又是什么意思呢?137 是个什么数?这个谜一样的数值多年来令物理学家们百思而不得其解,以至于关于它,物理学家费曼有一段十分有趣的话:

> 这个数字自 50 多年前发现以来一直是个谜。所有优秀的理论物理学家都将这个数贴在墙上,为它大伤脑筋……它是物理学中最大的谜之一,一个该死的谜:一个魔数来到我们身边,可是没人能理解它。你也许会说"上帝之手"写下了这个数字,而我们不知道他是怎样下的笔。

5.4　和蔼的同事,优秀的教师

量子力学的建立和发展,是一大批物理学家前仆后继、辛勤耕耘的结果。当年的量子物理学界,能够在物理思想上被称之为"学派"的,实际上只有玻尔研究所的哥本哈根一家,其他的大师级别人物,有像普朗克、爱因斯坦那样的单打独斗者,也有如法国的德布罗意、英国的狄拉克等一类散兵游勇之将。这些人都是时分时合,难以成"派"。

不过,索末菲的慕尼黑大学和玻恩的哥廷根大学,虽然不像玻尔的哥本哈根研究所那样,代表了量子理论中的一种具有特色的诠释,但也都有可观的理论物理中心,培养出了许多优秀的年轻物理学家,为量子理论做出了杰出的贡献。这三个地方,其功劳是不可抹杀的,成为量子力学发展过程中的"黄金三角"。图 5-3 是索末菲和玻尔的合影。

图 5-3　索末菲(左)和玻尔(右)

索末菲在慕尼黑大学任教 32 年,兼任物理学院主任一职,他与同事和学生们都相处融洽,是一位善于发掘人才的优秀教师,玻恩曾经说,索末菲的技能中包括对"天赋的发掘",对此,爱因斯坦也曾经说:"我特别佩服你的是,你一跺脚,就有一大批才华横溢的青年理论物理学家从地里冒出来。"

连泡利这样尖刻的"上帝的鞭子",终其一生都对他的老师索末菲"极度敬重"! 据说只要索末菲走进他的屋子,泡利就会立刻站起,甚至鞠躬行礼。他对索末菲如此谦恭的举止,经常被习惯了被"鞭子"抽打的弟子们传为笑谈。对此,有历史记载为证。

其一,奥地利物理学家维克多·韦斯科夫(Victor Weisskopf)在其自传中有过很有趣的记述:

> 当索末菲来到苏黎世访问时,一切就都变成了"是,枢密顾问先生"……对于太经常成为他(指泡利)霸气牺牲品的我们来说,看到这样一个规规矩矩、富有礼貌、恭恭敬敬的泡利是一件很爽的事情。

其二,出于泡利本人的文字。索末菲 70 岁生日临近时,泡利给索末菲写了一封信：

> 您紧皱的眉头总是让我深感敬畏。自从1918年我第一次见到您以来，一个深藏的秘密无疑就是，为什么只有您能成功地让我感到敬畏。这个秘密毫无疑问是很多人都想从您那儿细细挖掘的，尤其是我后来的老板，包括玻尔先生。

索末菲是老派的德国教授，必定是十分注重礼仪的，也喜欢学生们在自己面前保持恭敬的礼节。但事实上，索末菲的威严中隐藏着和蔼，可以想象在讨论物理问题时，索末菲会把这些礼节都忘掉。正如迈克尔·埃克特(Michael Eckert)在他所作索末菲传记中总结的：

> 普朗克是权威，爱因斯坦是天才，索末菲是老师。

索末菲受聘于慕尼黑大学的记录中写着，“像玻尔兹曼、洛伦兹和维恩这样非常著名的理论物理学家”都支持索末菲，他被“描写为一位和蔼的同事和优秀的教师”。伟大而优秀的导师必定是谦和与博学共存的。索末菲喜欢用nursery来描述他自己领导的慕尼黑大学理论物理研究所。nursery可翻译成“保育院”，这个词语本身便充分表明了索末菲对他培育的学生们无尽的欣赏和关爱。我把这句话表述成，慕尼黑物理学院是培养“理论物理学家的摇篮”！不是吗，算一算索末菲的20多个颇有成就的学生们就明白了。

5.5　诺贝尔奖，有缘无分

量子力学的发展基本上有3个阶段：旧量子论、量子力学、量子场论。玻恩在1924年的一篇论文里开始呼唤新量子论的出现。没料到这个召唤还卓有成效，之后的两三年里，量子论井喷式地蓬勃发展：德布罗意粒子波、海森堡矩阵力学、薛定谔波动力学、泡利原理、狄拉克方程等，共同结束了旧量子时代，开创了量子新理论，即量子力学，它吸引了无数年轻一代物理学家，也包括从索末菲的理论物理“摇篮”里，陆续“长大成熟”的学生们。

新量子论逐渐显示出它的巨大威力，薛定谔方程应用于氢原子，原来的玻尔-

索末菲原子模型被薛定谔-玻恩电子云理论代替。电子云理论不仅完美地重现了原来模型的结论,并且原来尚存的缺陷与不足、原未解决的困难问题,也都全部迎刃而解！稍后,狄拉克又在相对论的基础上,建立了描述高速运动微粒的相对论量子力学,成功地解释了自旋问题,亦促进了量子场论的建立。

那是一个充满传奇、令人心潮澎湃的年代,物理新星不断涌现,年轻人荣获诺贝尔奖的故事司空见惯。索末菲桃李满天下,优秀导师成果累累。在他的正式博士生和其他受其影响的学生中,先后有七八个人获得过诺贝尔奖,几十人成为第一流的教授,在自己的专业领域内做出了重要贡献。

1914 年,硕士生劳厄获诺贝尔物理学奖。

1932 年,博士生海森堡获诺贝尔物理学奖。

1936 年,博士生德拜获诺贝尔化学奖。

1944 年,硕士生拉比获诺贝尔物理学奖。

1945 年,博士生泡利获诺贝尔物理学奖。

1954 年,硕士生鲍林获诺贝尔化学奖。

1962 年,硕士生鲍林获诺贝尔和平奖。

1967 年,博士生贝特获诺贝尔物理学奖。

诺贝尔奖也没有忽略像索末菲这样的老前辈。在 1917—1951 年,索末菲一共获得诺贝尔物理学奖提名 84 次,比其他任何物理学家都多。然而,也许毕竟是属于旧量子论最后的守卫者,难以超越量子领域中年轻的革命创新派,加上几次阴差阳错,命运作怪,索末菲最后仍然与诺贝尔奖无缘,只能被学界誉为“大师之师,无冕之王”。

1951 年 4 月 26 日,82 岁的索末菲,与孙子外出散步时被车撞倒而意外去世,给世人留下无尽的遗憾。

第二篇

创建期（量子力学）

德布罗意提出物质波，启发了年轻物理学家们的灵感。海森堡等创建了矩阵力学，薛定谔导出波动方程，狄拉克方程也脱颖而出。量子潮流汹涌澎湃，量子理论如井喷似的创建和发展起来。人们将此阶段称为“新量子论”时期，这些在不到十年的时间内取得的丰硕成果，标志着量子力学的诞生。

6

建矩阵力学奠基新量子论　不确定原理颠覆经典概念

1900 年，量子鼻祖普朗克在柏林科学院第一次报告他解决了黑体辐射问题，释放出 h 这个量子妖精，从此开启了量子的大门。就在第二年，在距离柏林 500 公里左右的另一个德国城市维尔茨堡，一名希腊语言学家奥古斯都・海森堡，迎来了他的第二个儿子，取名维尔纳・海森堡（Werner Heisenberg，1901—1976）（图 6-1）。这位语言学教授怎么也没想到，这个出生时看起来极普通的男孩，20 多年后闯荡量子江湖，成就了一番大事业，还荣获了 1932 年的诺贝尔物理学奖！

图 6-1　创建矩阵力学的海森堡

维尔纳・海森堡 9 岁时，全家人搬到了慕尼黑居住，又过了 9 年，海森堡进入慕尼黑大学攻读物理，拜师于“大师之师”索末菲门下。后来，海森堡前往哥廷根大学，在玻恩和希尔伯特的指导下学习物理和数学。1923 年，海森堡完成博士论文

《关于流体流动的稳定和湍流》并获得博士学位，后被玻恩私人出资聘请为哥廷根大学的助教。

索末菲是旧量子论的最后守卫者，他的慕尼黑大学的“理论物理摇篮”，却摇出了海森堡这位新量子论的开拓人，这就是科学的承前启后、继往开来！从此以后，新量子论，也即我们现在称之为量子力学的理论，迅猛发展起来。

6.1 矩阵力学的诞生

海森堡跟着索末菲写的博士论文是关于湍流的，当时碰到一些困难。并且，海森堡不喜欢也不擅长做物理实验，因此，在博士答辩时，还被大牌教授威廉·维恩非难而得了一个很低的分数。此是后话并且与海森堡对量子力学的贡献无关，所以在此不表。海森堡真正感兴趣的是当时物理界的热门课题——玻尔的原子模型。

海森堡自己也曾经表示过，他真正的科学生涯是从与玻尔的一次散步开始的……

那是1922年初夏，玻尔应邀到德国哥廷根大学讲学，滞留10天，作报告7次，内容为玻尔原子理论和对元素周期表的解释。尽管玻尔平时说话的声音低沉，有时还给人以不善言辞的负面印象，但这几次演讲却是异常的成功，盛况空前，座无虚席。特别是众多年轻的学子们，激情满怀，反应强烈，一个个竖起耳朵张着嘴，聚精会神地听，生怕遗漏了大师的某句话、某个词。有人称这几次讲座是“玻尔的节日演出”，还有人形容当时的盛况“犹如举办了一次哥廷根狂欢节”！

索末菲教授带着他的两个得意门生——亲如兄弟的海森堡和泡利，从慕尼黑赶到哥廷根来听玻尔演讲。海森堡在这里第一次遇到了玻尔，一次，他在玻尔结束演讲后提出了一个颇为尖锐的问题，引起了玻尔对这个年轻人的注意，当天便邀他一块儿去郊外散步。

海森堡受宠若惊，但在3小时的散步过程中与玻尔的交谈使他受益匪浅，对他后来的研究方向产生了重大而持续的影响。

1924—1927年，海森堡得到洛克菲勒基金会的赞助，来到哥本哈根的理论物理研究所与玻尔一起工作。从此,海森堡置身于玻尔研究所那种激烈的学术争鸣氛围中,开始了卓有成效的学术研究工作。总的来说,海森堡大学后的物理生涯十分幸运,短短几年中,他游走于三位量子巨匠之间:他向索末菲学到了物理概念,向玻恩学到了数学技巧,而他自己最感兴趣也最看重的哲学思想,则来自玻尔!

科学研究总是需要有张有弛,有时候压力下出成果,有时候松弛状态下灵感如泉涌。这些并无定论,也许可以用"冰冻三尺,非一日之寒"来描述,时机成熟了便自然会"瓜熟蒂落"而已。

海森堡正在折腾玻尔和索末菲的原子模型时,花粉过敏症却来折腾他,使他的脸肿得像烤出来的大圆面包,以至于偶然撞见他的房东吓了一大跳,还以为是他与人打架而致。因此,海森堡不得不去北海的赫尔戈兰岛休养一段时间。在那暂离喧哗的小地方,倒是激发了海森堡非凡的科学灵感,他构想出了他对量子力学的最大突破——后来被称作"矩阵力学"的理论。

海森堡当时正在研究氢的光谱线实验结果与原子模型的关系。实验得到的是宏观物理世界中的可观测量,量子化之后的原子模型却是科学家脑袋中构想出来的东西。"可观测"还是"不可观测",这在经典物理中可以说是个伪命题,人们对经典理论的认知是:物理量不都是可观测的吗?但在量子论适用的微观世界,这个问题从来就亦步亦趋地伴随着物理理论前行。因为微观现象难以直接观测,那么,如何来判断理论正确与否呢?这实际上是玻尔的"对应原理"企图解决的问题。"对应原理"由玻尔正式提出并在哲学的意义上推广扩大到其他领域。但事实上,从普朗克开始,量子物理学家们就一直在潜意识中使用对应原理。

对应原理的实质就是:在一定的极限条件下,量子物理应该趋近于经典物理。微观的不可观测量,与宏观的可观测量之间,应该有一个互相对应的关系。

海森堡认为,原子模型中电子的轨道[包括位置 $x(t)$、动量 $p(t)$ 等]是不可测量的量,而电子辐射形成的光谱(包括频率和强度)则是宏观可测的。是否可以从光谱得到的频率和强度这些可测量,倒推回去得到电子位置 $x(t)$ 及动量 $p(t)$ 的信息呢？也就是说，是否可以将轨道概念与光谱对应起来？图6-2中左图是玻尔轨道模型，右图是宏观可以测量的光谱频率和强度。

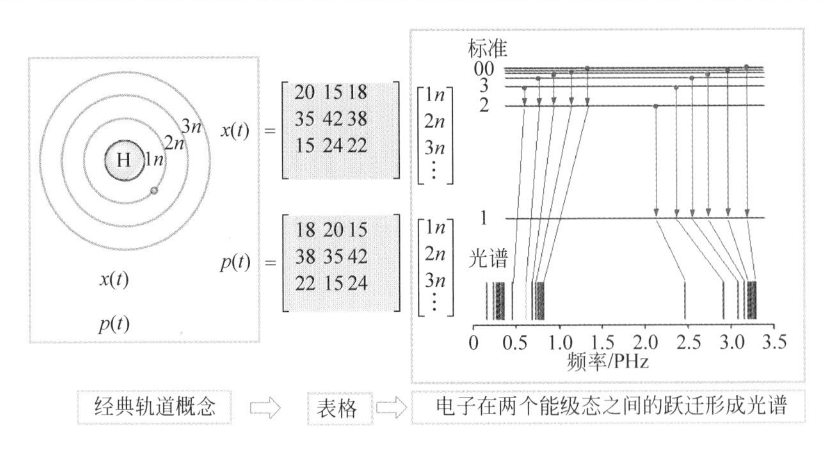

图6-2　原子轨道概念如何与经典观测量对应？

这儿就产生了一点问题。

首先，在轨道概念中，电子绕核做圆周运动，玻尔认为有多种可能的轨道，例如图6-2左图中的($1n$、$2n$、$3n$…)。那么，没问题，可以将位置$x(t)$及动量$p(t)$表示成这些轨道的线性叠加，或者说，将它们做傅里叶变换。

然后，第二步，我们再来考察右图中宏观可以测量的光谱频率和强度。光谱产生的原因是原子中电子在两个能级之间的跃迁，能级差决定了光谱的频率，跃迁的概率决定了谱线的强度。因此，频率和强度是由两个能级(n和m)决定的。每两个任意能级间都有可能产生跃迁，因此，n和m是两个独立的变量。

如何将轨道中的量[例如$x(t)$]用n和m两个独立变量表示出来呢？这第3步难倒了海森堡：$x(t)$是一个变量n的函数，却要用两个变量n和m表示！海森堡也顾不了花粉过敏的纠缠，没日没夜地想这个问题。

终于在一个夜晚，海森堡脑海中灵光一闪，想通了这个问题。有什么不好表示的？把它们两者间的关系画成一个“表格”呀！海森堡大概规定了一下用这种表格进行计算的几条“原则”，然后，剩下就是一些繁杂的运算了。后来，海森堡在回忆这段心路历程时写道:“大约在晚上3点钟,计算的最终结果摆在我面前。起初我被深深震撼。我非常激动,我无法入睡,所以我离开了屋子,等待在岩石顶上的日出。”[6-7]

计算结果非常好地解释了光谱实验结果(光谱线的强度和谱线分布),使得电子运动学与发射辐射特征之间具有了关联。但海森堡仍然希望对玻尔模型的轨道有个说法。

海森堡想,玻尔模型基于电子的不同轨道。但是,谁看过电子的轨道呢?也许轨道根本不存在,存在的只是对应于电子各种能量值的状态。对,没有轨道,只有量子态!量子态之间的跃迁,可以精确地描述实验观察到的光谱,还要轨道干什么?如果你一定要知道电子的位置 $x(t)$ 及动量 $p(t)$,对不起,我只能对你说:它们是一些表格,无穷多个方格子组成的表格。

1925年6月9日,海森堡返回哥廷根后,立即将结果寄给他的哥们儿泡利,并加上几句激动的评论:“一切对我来说仍然模糊不清,但似乎电子不再在轨道上运动了。”

1925年7月25日,《海德堡物理学报》收到了海森堡的论文。这天算是量子力学及新量子论真正发明出来之日,距离普朗克旧量子论的诞生,已经过去了25年。

6.2　提出不确定性原理

海森堡将他的著名论文寄给杂志的同时,也寄了一份给玻恩,并评论说他写了一篇疯狂的论文,请玻恩阅读并提出建议。玻恩对海森堡论文中提出的计算方法感到十分惊讶,但随后他意识到这种方法与数学家很久以前发明的矩阵计算是完全对应的。海森堡的“表格”,就是矩阵!因此,玻恩与他的一个学生约尔当一起,用矩阵语言重建了海森堡的结果。再后来,海森堡、玻恩、约尔当三人又共同发表了一篇论文,所以最终,这“一人、二人、三人”三篇论文,为量子力学的第一种形式——矩阵力学,奠定了基础。这里边还有狄拉克的工作,将矩阵与泊松括号相联系。

新量子论的发展还有另外一条线,完全独立于海森堡的矩阵力学。那是爱因斯坦注意到德布罗意的物质波理论之后，推荐给薛定谔引起的。薛定谔从波动的角度，用微分方程建立了量子力学。

微分方程是物理学家们喜欢的表述形式，牛顿力学、麦克斯韦方程都用它。薛定谔方程描述的波动图像也使物理学家们感觉亲切直观、赏心悦目，虽然后来不知如何解释波函数而颇感困惑，但还是喜欢它，而讨厌海森堡的枯燥和缺乏直观图景的矩阵。

因此，薛定谔方程名噪一时，大家几乎忘掉了海森堡的矩阵。这使得年轻气盛、好胜心极强的海森堡很不以为然。即使薛定谔等人后来证明了，薛定谔方程与矩阵力学在数学上是完全等效的，海森堡仍然耿耿于怀。天才终归是天才，不久后（1927 年），海森堡便抛出了一个“不确定性原理”，震惊了物理界。

如前所述，海森堡将原子中电子的位置 $x(t)$ 及动量 $p(t)$ 用“表格”，也就是用矩阵来描述，但矩阵的乘法不同于一般两个“数”的乘法。具体来说，就是不对易：$x(t)\times p(t)$ 不等于 $p(t)\times x(t)$。

或简单地写成：$xp\neq px$。将这种不相等的特性用它们（x 和 p）之差表示出来，叫作对易关系：

$$[x,p]=xp-px=\mathrm{i}\hbar$$

后来又从对易关系再进一步，可写成如图 6-3(a)那种不等式的形式，称之为不确定性原理。

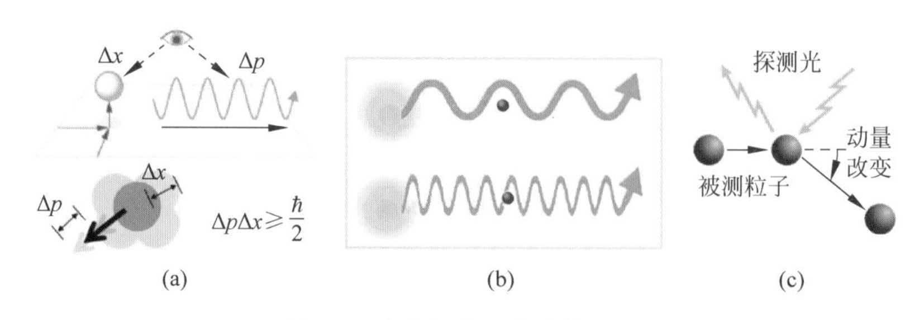

图 6-3 海森堡的不确定性原理

(a) 不确定性原理；(b) 不同频率光波测量粒子位置；(c) 直观解释

根据海森堡的不确定性原理，对于一个微观粒子，不可能同时精确地测量出其位置和动量。将一个值测量得越精确，另一个值的测量就会越粗略。如图 6-3(a) 所示，如果位置被测量的精确度是 Δx，动量被测量的精确度是 Δp 的话，两个精确度之乘积将不会小于$\hbar/2$，即 $\Delta p \Delta x \geqslant \hbar/2$，这儿的$\hbar$是约化普朗克常数。精确度是什么意思？精确度越小，表明测量越精确。如果 Δx 等于 0，说明位置测量是百分之百的准确。但是因为不确定原理，Δp 就会变成无穷大，也就是说，测定的动量将在无穷大范围内变化，亦即完全不能被确定。

海森堡讨厌波动力学，但也想要给自己的理论配上一幅直观的图像，他用了一个直观的例子来解释不确定性原理，以回应薛定谔的波动力学。

如何测量粒子的位置？我们需要一定的实验手段，例如，可以借助于光波。如果要想准确地测量粒子的位置，必须使用波长更短、频率更高的光波。在图 6-3(b) 中，画出了用两种不同频率的光波测量粒子位置的示意图。图 6-3(b)上面的图中使用波长比较长的光波，几乎探测不到粒子的存在，只有光波的波长可以与粒子的大小相比较[如图 6-3(b)的下图所示]的时候，才能进行测量。光的波长越短，便可以将粒子的位置测量得越准确。于是，海森堡认为，要想精确测量粒子的位置，必须提高光的频率，也就是增加光子的能量，这个能量将作用在被测量的粒子上，使其动量发生一个巨大的改变，因而，便不可能同时准确地测量粒子的动量，见图 6-3(c)。

如上所述的当时海森堡对不确定原理的解释，是基于测量的准确度，似乎是因为测量干预了系统而造成两者不能同时被精确测量。后来，大多数的物理学家对此持有不同的看法，认为不确定性原理是类波系统的内秉性质。微观粒子的不确定性原理，是由其波粒二象性决定的，与测量具体过程无关。

事实上，从现代数学的观念，位置与动量之间存在不确定性原理，是因为它们是一对共轭对偶变量，在位置空间和动量空间，动量与位置分别是彼此的傅里叶变换。因此，除了位置和动量之外，不确定关系也存在于其他成对的共轭对偶变量之间。例如，能量和时间、角动量和角度之间，都存在类似的关系。

6.3 海森堡与玻尔

海森堡对量子力学的贡献是毋庸置疑的，但他在第二次世界大战中的政治态度却不很清楚。海森堡曾经是纳粹德国核武器研究的领导人，但德国核武器研制多年未成正果，这固然是战争正义一方的幸运之事，但海森堡在其中到底起了何种作用？至今仍是一个难以确定的谜。海森堡在大战中的“不确定”角色引人深思：科学家应该如何处理与政治的关系？如何在动乱中保持一位科学家的良知？

海森堡与玻尔，有长期学术上的合作，有亦师亦友的情谊，从海森堡22岁获得博士学位后第一次到哥本哈根演讲，玻尔就看上了这个年轻人。无情的战争，将科学家之间的友谊蒙上了一层淡淡的阴影。在战争期间，1941年海森堡曾到哥本哈根访问玻尔，据说因为二人站在不同的立场，所以话不投机，不欢而散。这个结果是符合情理的，因为当时玻尔所在的丹麦被德国占领，玻尔与海森堡已有两年多未见面，玻尔对他有戒心，怀疑他是作为德方的代表而出现，但到底二人谈话中说了些什么，人们就只能靠猜测了。有人说海森堡是想要向玻尔探听盟军研制核武器的情况，有人说海森堡企图说服玻尔，向玻尔表明德国最后一定会胜利。

第二次世界大战结束后，海森堡作为囚犯，被美国军队送到英国，1946年重返德国，重建哥廷根大学物理研究所。1955年，该研究所与作为研究所主任的海森堡，一起迁往慕尼黑，后来改名为现在的马克斯-普朗克物理学研究所。

海森堡之后居住在慕尼黑，1976年2月1日因癌症于家中逝世。

7

唇枪加舌剑众人称“上帝鞭子” 不相容原理泡利探物质奥秘

在量子力学诞生的那一年，沃尔夫冈·泡利(Wolfgang Pauli，1900—1958)也在奥地利的维也纳呱呱坠地，20多年后，他成为量子力学的先驱者之一，是一个颇富特色的理论物理学家(图7-1)。

图7-1 沃尔夫冈·泡利

7.1 天才的“上帝鞭子”

泡利的教父，是鼎鼎有名的被爱因斯坦尊称为老师的马赫。在高中毕业时，年轻的泡利就表现出过人的聪明，发表了他的第一篇科学论文。后来，泡利成为慕尼黑大学年龄最小的研究生，刚进大学便直接投靠到索末菲门下。泡利在21岁的时候为德国的《数学科学百科全书》写了一篇237页纸的有关狭义和广义相对论的文章，不仅令索末菲对他刮目相看，也得到爱因斯坦的高度赞扬和好评，爱因斯坦曰：“该文出自21岁青年之手，专家皆难信也！其深刻理解力、推算之能力、物理洞察力、问题表述之明晰、系统处理之完整、语言把握之准确，无人不钦羡也！”

也许如泡利这种天才，更适合做一个严格的评判者。泡利善挑毛病，在物理学界以犀利和尖刻的评论而著称，丝毫不给人留面子。但有意思的是，对发现了他的天赋的第一个老师索末菲，泡利却是一直保持着毕恭毕敬的态度。

据说泡利自己讲过他学生时代的一个故事，有一次在柏林大学听大神爱因斯坦讲相对论的报告，报告完毕，几个资深教授都暂时沉默不言，似乎正在互相猜测：谁应该提出第一个问题呢？突然，只见一个年轻学子站了起来说：“我觉得，爱因斯坦教授今天所讲的东西还不算太愚蠢！”这愣头愣脑的小伙子就是泡利。

泡利言辞犀利、思想敏锐，对学术问题谨慎，习惯于挑剔，且独具一种发现错误的能力。因此，玻尔将他誉为“物理学的良知”，同行们以“可怕的泡利”“上帝的鞭子”“泡利效应”等昵称和调侃来表明对他的敬畏之心。泡利有一句广为流传的评论之言：“这连错误都谈不上！”此话足见其风格，被同事们传为笑谈。

十分有趣的是，据说每次爱因斯坦在演讲前，会自然地向观众席上观看：“鞭子”是否在场？还有那位号称傲慢的朗道，作报告时如果有泡利在场，态度便温顺如绵羊。一次，朗道演讲完毕后，发现泡利在，便破天荒地谦称自己所讲的东西也许并非完全是错的，泡利则安慰他说“噢，绝对不是完全错，因为你讲的东西乱作一团，我们根本弄不清哪些是对的，哪些是错的。”

但是，泡利并不完全是个傲慢自负、目中无人的家伙。他心目中有三个半他所敬重的物理学家，按名次排队应该是索末菲、玻尔、爱因斯坦，还有半个敬重者的荣耀，则赠与了他的好朋友海森堡。

当时的物理学界十分重视泡利对每一个新成果、新思想的尖锐评价。不仅仅是当时，即使在泡利逝世很久，当物理学界又有新的进展时，人们还会说：“如果泡利还活着的话，对此会有什么高见呢？”

尽管泡利对学术问题尖刻地批评，但他的学生们仍然能感觉出泡利亲切和平易近人的一面，特别是泡利对自己也一样地挑剔，毫不留情！还有值得赞赏的一点是，学生们在泡利面前不害怕问任何问题，也不必担心显得愚蠢，因为对泡利而言，所有的问题都是愚蠢的。

对泡利的尖刻,同行中流传的笑话很多,其中有一个说的是他连上帝也不放过!人们说,如果泡利死后去见上帝,上帝把自己对世界的设计方案给他看,泡利看完后会耸耸肩,说道:“你本来可以做得更好些……”当然,其中很多故事只是传说或八卦,博大家一笑。

7.2　泡利不相容原理

1925 年,25 岁的泡利,为了解释反常塞曼效应,提出了“泡利不相容原理”,这是原子物理的最基本原理,也是量子力学的重要基础。

如图 7-2 所示,塞曼效应指的是原子光谱线在外磁场的作用下,1 条分裂成 3 条的现象。是由荷兰物理学家塞曼于 1896 年发现的。同是荷兰物理学家的洛伦兹,用经典电磁理论解释了这种现象,认为能级发生分裂是由于电子的轨道磁矩方向在磁场作用下改变所致,使得每条谱线分裂成间隔相等的 3 条谱线。塞曼和洛伦兹因为这一发现共同获得了 1902 年的诺贝尔物理学奖。

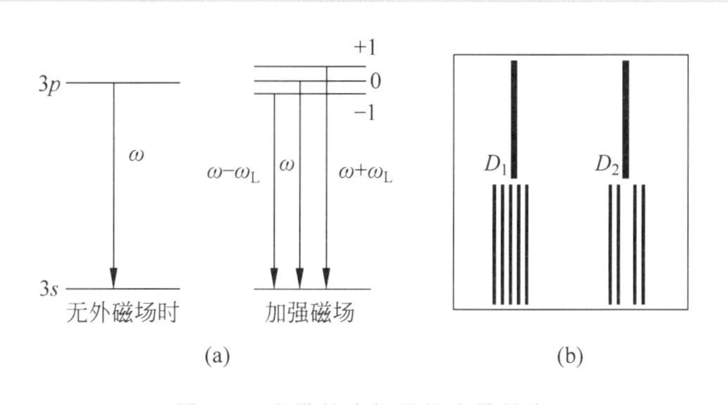

图 7-2　塞曼效应与反常塞曼效应

(a) 塞曼效应;(b) 反常塞曼效应

虽然塞曼效应似乎有所解释,但在 1897 年,在很多实验中观察到光谱线并非总是分裂成 3 条,有时 4 条、5 条、6 条、9 条,各种数值都有,间隔也不相同,似乎复杂而无规则。人们把这种现象叫作反常塞曼效应。原来用以解释正常塞曼效应的机制对反常塞曼效应完全无能为力。这个问题困惑着物理界,也困惑着哥本哈根学派的掌门人玻尔。正好这时候泡利申请到玻尔研究所工作，玻尔便把这个难题交给了他。

泡利给人挑毛病可谓淋漓尽致、十分痛快，评论文章也能滔滔不绝，口若悬河。这下可好了，自己碰到了难题。反常塞曼效应是怎么回事啊？他想来想去总觉得十分棘手，一筹莫展。当年塞曼在他的诺贝尔奖获奖演讲中曾经提到了难以理解的反常塞曼效应，宣称他和洛伦兹遭到了“意外袭击”。那时候的泡利还是个两岁的娃娃，没想到过了20年这个难题仍然是难题，还“意外袭击”到了泡利的脑海中。

因此，那段时间，人们见泡利经常漫无目标地徘徊于哥本哈根的大街小巷，眉头紧锁、怏怏不乐。那是1922—1923年，泡利凭直觉明白，现有的旧量子论不能彻底解决反常塞曼效应的问题。然而，量子的新理论尚未诞生，才刚刚开始在敲打着海森堡、薛定谔等人的脑门！泡利虽然是天才，但他擅长的是与学生讨论、与同事交流，在与人互动中贡献他的才华，他不是那种喜欢自己写文章开拓新天地的人，这就正是他漫步街头闷闷不乐的原因。泡利自己后来在一篇回忆文章中描述过当年的心情，大意是说，当你被反常塞曼效应这种难题纠缠的时候，你能开心得起来吗？

尽管暂时没有新理论，泡利毕竟算是当年物理界的革命左派，20岁出头的年轻人，思想前卫，总能想出一些怪招来。面对着从反常塞曼效应得到的一大堆光谱实验数据，泡利决定首先从这些经验数据中摸索规律。

有一些外磁场非常强大时得到的实验数据，对泡利有所帮助。这是1912年和1913年分别被帕邢和巴克独立发现的帕邢-巴克效应(Paschen-Backer effect)。在这些实验中，当外磁场很强时，谱线又恢复到3条。也就是说，强磁场破坏了引起反常塞曼效应的“某种原因”而回到了正常的塞曼效应。正常塞曼效应的原因是轨道磁矩量子化，那么，这“某种原因”又是什么呢？一定也是与磁效应有关的。于是，在1924年，泡利形式化地引入了一个他称之为“双值性”的量子自由度，即最外层电子的一个额外量子数，可以取两个数值中的一个。这样一来，似乎可以在形式上解决反常塞曼效应问题。

此外,泡利最后断定反常塞曼效应的谱线分裂只与原子最外层的价电子有关。从原子谱线分裂的规律,应该可以找出原子中电子的运动方式。于是,泡利引入了4个量子数来描述电子的行为。它们分别是:主量子数 n、角量子数 l、总角量子数 j、总磁量子数 m_j。这些量子数稍微不同于如今人们所习惯使用的量子数!它们的取值互相有关,例如,角量子数给定为 l 时,总角量子数 j 可以等于 $l\pm1/2$。在磁场中,这些量子数的不同取值使得电子的状态得到不同的附加能量,因而使得原来磁场为0时的谱线分裂成多条谱线。

1924年左右,一位英国理论物理学家埃德蒙·斯托纳(Edmund Stoner)研究了原子能级分层结构中最多可能容纳的电子数,最早给出电子数目与角量子数的关系。他的文章启发了泡利的思路。1925年,泡利在如上所述的4个量子数基础上,得到不相容原理,以禁令的形式表示如下:

电子在原子中的状态由4个量子数(n、l、j、m_j)决定。在外磁场里,处于不同量子态的电子具有不同的能量。如果有1个电子的4个量子已经有明确的数值,则意味着这4个量子数所决定的状态已被占有,1个原子中,不可能有2个或多个电子处于同样的状态。

泡利不相容原理看起来并不是什么大不了的理论,实际上只是一个总结实验资料得出的假说,但它却是从经典走向量子道路上颇具革命性的一步。这个原理深奥的革命意义有两点:一是与全同粒子概念相关;二是与自旋的概念紧密联系。全同粒子有两种,即费米子和玻色子,泡利不相容原理描述的是费米子行为。全同粒子和自旋,都是量子物理中特有的现象,没有相应的经典对应物。这个原理的深层意义,即使是当时的泡利也认识不到,因为在经典力学中,并没有这种奇怪的费米子行为,也没有作为粒子内禀属性的自旋[8-9]。

7.3 泡利和自旋

泡利提出的不相容原理,已经与自旋的概念只有一步之遥,但颇为奇怪的是,他不仅自己没有跨越这一步,还阻挡了别的同行(克罗尼格)提出"自旋"。

从泡利引入的4个量子数的取值规律来看，自旋的概念已经到了呼之欲出的地步，因为从4个量子数得到的谱线数目正好是原来理论预测数的2倍。这2倍从何而来？或者说，应该如何来解释刚才我们说过的“总角量子数 j 等于 $l \pm 1/2$”的问题？这个额外1/2的角量子数是什么？

克罗尼格生于德国，后来到美国纽约哥伦比亚大学读博士。他当时对泡利的研究课题产生了兴趣。具体来说，克罗尼格对我们在上一段提出的问题试图给出答案。克罗尼格想，玻尔的原子模型类似于太阳系的行星：行星除了公转之外还有自转。如果原子模型中的角量子数 l 描述的是电子绕核转动的轨道角动量的话，那个额外加在角量子数上的1/2是否就描述了电子的“自转”呢？

克罗尼格迫不及待地将他的电子自旋的想法告诉泡利，泡利却冷冷地说：“这确实很聪明，但是和现实毫无关系。”克罗尼格受到泡利如此强烈的反对，就放弃了自己的想法，也未写成论文发表。可是，仅仅半年之后，另外两个年轻物理学家乔治·E. 乌伦贝克（George E. Uhlenbeck，1900—1988）和塞缪尔·A. 高斯密特（Samuel A. Goudsmit，1902—1978）提出了同样的想法，并在导师埃伦费斯特支持下发表了文章。他们的文章得到了玻尔和爱因斯坦等人的好评。这令克罗尼格因失去了首先发现自旋的机会而颇感失望。不过，克罗尼格认识到泡利只是因为接受不了电子自转的经典图像而批评他，并非故意刁难，因此后来一直和泡利维持良好的关系。心胸宽大的克罗尼格活到91岁的高龄，于1995年才去世。

泡利当时认为，自旋无法用经典力学的自转图像来解释，因为自转引起的超光速将违反狭义相对论。有人把电子的自旋解释为因带电体自转而形成的磁偶极子，这种解释也很难令人信服，因为实际上，除了电子外，一些不带电的粒子也具有自旋，例如，中子不带电荷，但是也和电子一样，自旋量子数为1/2。泡利对自旋的疑惑之处，现在也仍然存在，不过用一言以蔽之为“内禀属性”！

泡利虽然反对将自旋理解为“自转”，但却一直都在努力思考自旋的数学模型。他开创性地使用了3个不对易的泡利矩阵作为自旋算子的群表述，并且引入了一个二元旋量波函数来表示电子两种不同的自旋态。

$$\boldsymbol{\sigma}_x=\begin{bmatrix}0 & 1\\ 1 & 0\end{bmatrix},\quad \boldsymbol{\sigma}_y=\begin{bmatrix}0 & -\mathrm{i}\\ \mathrm{i} & 0\end{bmatrix},\quad \boldsymbol{\sigma}_z=\begin{bmatrix}1 & 0\\ 0 & -1\end{bmatrix}$$

泡利矩阵

$$\psi(\boldsymbol{r},s_z,t)=\begin{pmatrix}\psi_{上}(\boldsymbol{r},t)\\ \psi_{下}(\boldsymbol{r},t)\end{pmatrix}$$

电子的旋量波函数

泡利随后用泡利矩阵和二分量波函数完成了电子自旋的数学描述,使之不再是一个假说,可是这对于泡利来说,又意味着更大的遗憾,因为狄拉克因此而受到启发,完成了量子力学基本方程之狄拉克方程。不过,也许泡利不遗憾,泡利就是泡利!

事实也是如此,自旋的确有它的神秘之处,无论从物理意义、数学模型、实际应用上而言,都还有许多的谜底等待我们去研究、去揭穿。

电子自旋的物理意义上可探究的问题很多:这个内禀角动量到底是个什么意思?自旋究竟是怎么形成的?为什么费米子会遵循泡利不相容原理?为什么自旋是整数还是半整数,决定了微观粒子的统计行为?并且,自旋在实际应用上也神通广大,它解释了元素周期律的形成、光谱的精细结构、光子的偏振性、量子信息的纠缠等。

7.4　泡利的遗憾

泡利过于聪明和自负,又不在乎学术上的桂冠和名声,因此错过了不少"首次发现"的机会,刚才所说的"自旋和全同粒子"即是一例。

据说泡利在海森堡之前提出了不确定性原理,狄拉克也承认泊松括号量子化最早是由泡利指出的。

杨振宁于1954年2月,应邀到普林斯顿研究院作杨-米尔斯规范场论的报告,泡利提出一个尖锐的"质量"问题,使杨振宁难以回答,但也说明泡利当时已经思考过推广规范场到强弱相互作用的问题,并且意识到了规范理论中有一个不那么容易解决的质量难点。

后来，晚年的泡利又接到了青年物理学家杨振宁和李政道的论文，就是那篇著名的《宇称在弱相互作用中守恒吗?》，年老的泡利依然锋芒不减，在给朋友的信中写道："我不相信上帝是一个弱左撇子，我准备押很高的赌注，赌那些实验将会显示……对称的角分布……""对称的角分布"指的就是宇称守恒，言下之意，泡利认为年轻人的想法根本就不值一提。

非常幸运的是没有人参与泡利的赌局，否则泡利就要破产了。因为在泡利押赌的两天之前，被泡利称为"无论作为实验物理学家还是聪慧而美丽的年轻中国女士"吴健雄博士，就已经发出了证明"宇称不守恒"实验的论文，泡利并不知情。泡利这次没有损失金钱，只是损失了一点名誉。

据说弱相互作用下宇称不守恒本身也是发轫于泡利，因为泡利第一个预言了中微子的存在，虽然中微子是由费米命名的，但确实是泡利在研究β衰变时提出的假想粒子。中微子是弱相互作用的重要粒子，其状态和相互作用会导致弱相互作用的宇称不守恒，如果泡利当时就此深入研究下去，那么他会在弱相互作用中的宇称不守恒起到重要的作用，泡利又一次咽下了苦水。

1945年，诺贝尔物理学奖终于颁发给了泡利，对于泡利来说，等待的时间太长了，20年前他就应该得到诺贝尔奖了，在他之前，他的朋友甚至晚辈都纷纷获得了诺贝尔奖。

为了庆祝这个迟来的诺贝尔奖，普林斯顿高等研究院为泡利开了庆祝会，爱因斯坦专门在庆祝会上演讲致辞。泡利后来写信给玻恩回忆这一段，说："我永远也不会忘记1945年当我获得诺贝尔奖之后，他(爱因斯坦)在普林斯顿所做的有关我的讲话。那就像一位国王在退位时将我选为了如长子般的继承人。"图7-3为泡利和爱因斯坦的合影。

聪明过头的人往往不快乐。年轻的泡利在经受了母亲自杀和离婚事件的打击后，患上了严重的神经衰弱症，因而不得不求助于当时也在苏黎世并且住得离他不远的心理医生卡尔·荣格。荣格是弗洛伊德的学生，著名心理学家，分析心理学创始人。从那时候开始，荣格记录和研究了泡利的400多个"原型梦"，这些梦境伴随

图 7-3　泡利(右)和爱因斯坦(左)

着泡利的物理研究梦,荣格 20 多年如一日,一直记录和研究到泡利逝世为止。泡利也和荣格讨论心理学、物理学和宗教等。后人将泡利与荣格有关这些梦境的书信来往整理成书,这些内容为探索科学家的心理状况与科学研究之间的关联留下了宝贵的原始资料。例如,伟人爱因斯坦、虚数 i、与精细结构常数有关的 137 等都曾经来到过泡利的梦里。或许,在泡利不短不长的生命中,清醒和梦境,科学和宗教,总是经常融合纠缠在一起。图 7-4 是泡利、荣格及泡利不相容原理。

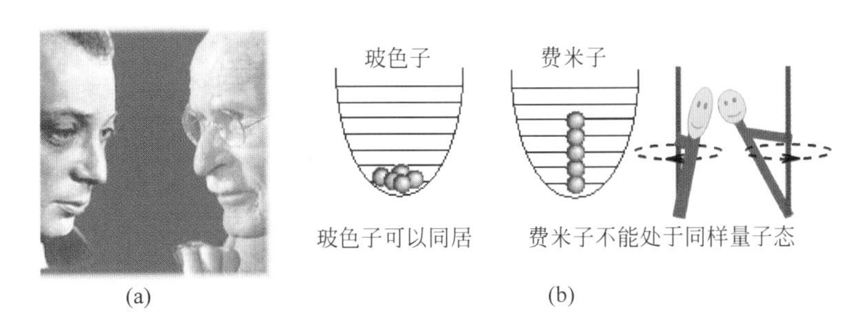

图 7-4　泡利、荣格(a)及泡利的不相容原理(b)

尽管泡利不重名利,但他晚年对自己的学术生涯也有清晰的认识:"年轻时我以为自己是一个革命者。当伟大的问题到来时,我将是解决并书写它们的人。伟大的问题来了又去了，别人解决并书写了它们。我显然只是一个古典主义者，而不是革命者。”

泡利于1958年因患胰腺癌而去世，享年58岁，据说他死前曾经问去看望他的助手：看到这间病房的号码了吗？原来他的病房号码是137，精细结构常数的倒数！不用笔者再多写，诸位就知道泡利临死之前一段时间脑袋中在想些什么了！唉，这就是执着痴迷的科学家！

8 风流倜傥薛定谔建立方程 思想实验虚拟猫纠缠世人

量子的脚步很快就走进了1925年。这一年,奥地利物理学家薛定谔(Schrödinger,1887—1961)(图8-1)受德拜之邀在苏黎世做了一个介绍德布罗意“物质波”的演讲。

图8-1 薛定谔

8.1 爱因斯坦勤点拨 风流才子遇机会

奥地利在我们眼中是一个音乐的国度,维也纳更是著名的音乐之乡,是“音乐之声”遍地流淌的地方!并且,论起科学来,奥地利也是毫不逊色的人才辈出之地。仔细算一算的话,奥地利的著名物理学家还真不少!泡利是在奥地利维也纳出生的,他是年轻的量子达人。1925年薛定谔作报告时,泡利才25岁。薛定谔也诞生于维也纳,比泡利大13岁,所以当时已经可以算是老前辈了。在薛定谔之前,还有以多普勒效应闻名的多普勒、著名的哲学家兼物理学家马赫、研究统计物理的玻尔兹曼、原子物理学家中的著名女将迈特纳等,加上后来的人物,列出名字来有一大串，其中也不乏诺贝尔奖得主。如果不限于物理学家，扩大到其他学科，就更多了，如遗传之父孟德尔等。

薛定谔于1906—1910年在维也纳大学物理系学习，在那儿完成了他的大学学位，并度过了他的早期科学研究生涯。维也纳大学是玻尔兹曼毕生工作之处，因此，薛定谔受玻尔兹曼科学思想的影响颇深，早年从事的研究工作便是气体动理论和统计力学方面的课题，他曾深入地研究过连续物质物理学中的本征值问题。1921年，薛定谔受聘到瑞士苏黎世大学任数学物理教授，继续研究与气体动理论相关的问题。

正在这个时候，玻色与爱因斯坦提出了一种简并气体的新的统计方法。因而，薛定谔的工作也引起了爱因斯坦的兴趣。开始，薛定谔对玻色-爱因斯坦统计的思想很不理解，特地写信给爱因斯坦与他进行讨论，之后几年间，双方有多次信件来往，因此可以说爱因斯坦是薛定谔的直接引路人。1924年，薛定谔写了一篇有关气体简并与平均自由程的文章，详细评述了理想气体熵的计算问题。爱因斯坦对薛定谔的文章做了高度评价并将德布罗意波的想法介绍给薛定谔："一个物质粒子或物质粒子系可以怎样同一个(标量)波场相对应，德布罗意先生已在一篇很值得注意的论文中提出了。"之后，薛定谔曾回信表示自己"怀着极大的兴趣拜读了德布罗意的独创性的论文，并且终于掌握了它"。

后来，才有了我们本节开头所言之事：薛定谔在苏黎世作介绍德布罗意波的演讲。

当时，薛定谔的精彩报告激起了听众的极大兴趣，也使薛定谔自己开始思考如何建立一个微分方程来描述这种"物质波"。因为当时作为会议主持人的德拜教授就问过薛定谔："物质微粒既然是波，那有没有波动方程?"薛定谔明白这的确是个问题，也是自己的一个大好机会！薛定谔想，这个波动方程一旦被建立起来，首先可以应用于原子中的电子上，结合玻尔的原子模型，来描述氢原子内部电子的物理行为，解释索末菲模型的精细结构。

就这样，薛定谔综合玻色、爱因斯坦、德布罗意的思想，首先将自己原来气体理论的研究工作做了一个总结,于1925年12月15日发表了一篇题为《论爱因斯坦的气体理论》的文章。这篇文章中,薛定谔充分运用了德布罗意的理论,将它用来研究自由粒子的运动。显而易见,这个工作的下一步,便是将德布罗意的理论用来研究最简单的束缚态粒子,即氢原子中的电子。然而,这不是像自由粒子运动那么简单,薛定谔明白,首要任务是要建立一个方程!

不过,这时候到了圣诞节的假期,风流倜傥的薛定谔正好碰见了一位早期交往过的神秘女友,两人旧情复发,相约去白雪皑皑的阿尔卑斯山上度假数月。

风流才子果然名不虚传,物理研究十分重要,情人约会也必不可少。没料到美丽的爱情居然大大激发了薛定谔的科学灵感,著名的薛定谔方程横空出世!

8.2 波动方程显威力 原子模型得解释

在1926年的1月、2月、5月、6月,薛定谔接连发表了4篇论文。实际上,在3月和4月也穿插发表了两篇相关的重要文章。这一连串射出并爆炸的6发"炮弹",正式宣告了波动力学的诞生[10]。

1月论文《量子化是本征值问题Ⅰ》,将量子化的实质归结于数学上的本征值问题。薛定谔在大学期间深入研究过的连续介质本征值问题,在这儿派上了用场。原来所谓"玻尔-索末菲量子化条件",并不是什么需要人为规定的东西,而实际上是求解势阱中本征值问题自然得到的结论。根据这个思想,薛定谔建立了氢原子的定态薛定谔方程并求解,给出氢原子中电子的能级公式,计算氢原子的谱线,得到了与玻尔模型及实验符合得很好的结果。

2月论文《量子化是本征值问题Ⅱ》,从含时的哈密顿-雅可比方程出发,建立一般的薛定谔方程,讨论了方程的求解,并从经典力学和几何光学的类比及物理光学到几何光学过渡的角度,阐述了他建立波动力学的思想,解释了波函数的物理意义。

当年的薛定谔,探求描述电子波粒二象性的动力学方程,自然首先到经典物理中寻找对应物。电子作为经典粒子,是用牛顿定律来描述的,如何描述它的波动性呢?考查经典力学理论,除了用牛顿力学方程表述之外,还有另外几种等效的表述方式，它们可以互相转换，都能等效地描述经典力学。这些经典描述中，哈密顿-雅可比方程是离波动最接近的。当初，哈密顿和雅可比提出这个方程，就是为了将力学与光学作类比。

3月文章《微观力学到宏观力学》，阐明量子力学与牛顿力学之间的联系。

4月文章《论海森堡、玻恩、约尔当量子力学和薛定谔量子力学的关系》，从特例出发，证明矩阵力学与波动力学可以相互变换。

5月、6月两篇论文，分别建立定态及含时的微扰理论及其应用。

总结归纳一下薛定谔方程的建立过程如图8-2所示，有如下几个要点：

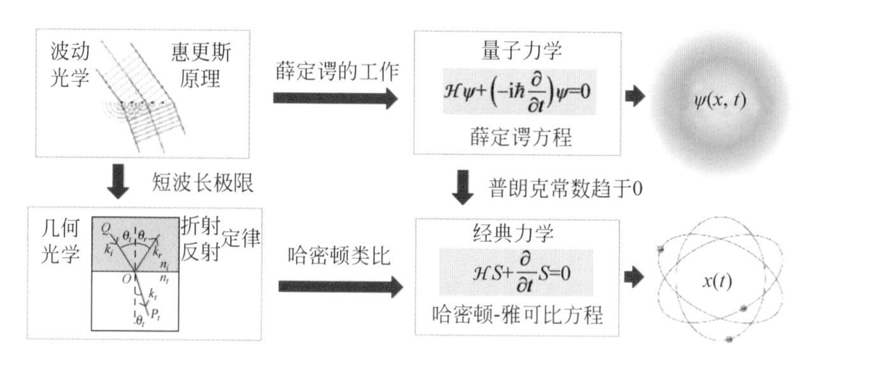

图8-2 薛定谔方程的导出

(1) 定态问题就是求解一定边界条件下的本征方程，以此来计算原子中电子的能级；

(2) 经典力学的哈密顿-雅可比方程，不但可以描述粒子的运动，也可以用来描述光波的传播，可以将其推广而建立电子的量子波动方程；

(3) 根据德布罗意位相波理论，电子可以看成一种波，反映其粒子性的动量、能量与其相应的波的波长、频率的关系，由德布罗意-爱因斯坦公式给出。

薛定谔综合这些要点，导出了薛定谔方程，其中关键思想是来自德布罗意物质波的启示，其间爱因斯坦起了重要作用，因此人们认为，爱因斯坦是波动力学的主要“推手”。

8.3 复数加算符 量子之要素

比较一下图 8-2 右侧公式中的薛定谔方程和哈密顿-雅可比方程,可以看出经典力学是量子力学的“零波长极限”,实际上也就是当普朗克常数 h 趋于 0 时候的极限。普朗克常数 h 在这儿又出现了,正如之前所说的,它是量子的标志。

薛定谔方程和哈密顿-雅可比方程都是偏微分方程,公式中将时间的偏导数明显地写成了时间微分算符的形式。经典方程中的算符是($\partial/\partial t$),薛定谔方程中的算符中则多了一个乘法因子($-\mathrm{i}\hbar$),是虚数 i 和约化普朗克常数$\hbar$($=h/2\pi$)的乘积。这儿 h 表征量子,h 数值很小,因而薛定谔方程只在微观世界才有意义。虚数 i 则代表了波动的性质,对波动而言,每一个点的“运动”不但有振幅,还有相位。相位便会将复数的概念牵扯进来。

因此,薛定谔方程将普朗克常数、复数还有算符结合在一起,这三者构成新量子论之数学要素。算符对量子尤其重要,因为在量子理论中,粒子的轨道概念失去了意义,原来的经典物理量均被表示为算符。

什么是算符?算符即运算符号,它并不神秘,实际上,一般的函数和变量,都可以算是算符,矩阵是不对易的算符的例子,上文中所示的($\partial/\partial t$),是大家所熟悉的微分算符,也就是微分。微分算符通常作用在函数上,将一个函数进行微分变成另一个函数。量子力学中的微分算符作用在系统的量子态(波函数)上,将一个量子态变成另一个量子态。

图 8-3 中列出了一部分常见的量子微分算符。

$f(x)=f(x)$ 函数算符

$\mathcal{H}=\mathrm{i}\hbar\dfrac{\partial}{\partial t}$ 哈密顿算符

$p_x=\dfrac{\hbar}{\mathrm{i}}\dfrac{\partial}{\partial x}$ 动量算符x分量

$KE=\dfrac{-\hbar^2}{2m}\dfrac{\partial^2}{\partial x^2}$ 动能

$E=\dfrac{p^2}{2m}+V(x)$ 总能量

$L_z=-\mathrm{i}\hbar\dfrac{\partial}{\partial\phi}$ 角动量z分量

图 8-3 常见量子微分算符

从算符的角度看，薛定谔方程看起来只是个简单的恒等式：左边是算符$\left(i\hbar\frac{\partial}{\partial t}\right)$作用在波函数上，右边等于算符$\mathcal{H}$作用于同一波函数上。能量算符$\mathcal{H}$描述系统的能量，在具体条件下有其具体的表达式。一般来说，量子系统的能量表达式可以从它所对应的经典系统的能量公式得到，只需要将对应的物理量代之以相应的算符就可以了。例如，一个经典粒子的总能量可以表示成动能与势能之和：

$$E = p^2/2m + V$$

将总能量表达式中的动量 p 及势能 V，代之以相应的量子算符，就可得到这个粒子（系统）对应的量子力学能量算符。然后，将此总能量算符表达式作用在电子的波函数上，一个单电子的薛定谔方程便可以被写成如下具体形式：

$$-\frac{\hbar^2}{2m}\nabla^2\psi(r,t) + V(r)\psi(r,t) = i\hbar\frac{\partial}{\partial t}\psi(r,t)$$

上述薛定谔方程是“非相对论”的，因为我们是从粒子“非相对论”的能量动量关系出发得到了它。所以，薛定谔方程有一个不足之处：它没有将狭义相对论的思想包括进去，因而只能用于非相对论的电子，也就是只适用于电子运动速度远小于光速时的情形。考虑相对论，粒子的总能量关系式应该是

$$E^2 = p^2c^2 + m^2c^4$$

薛定谔曾经试图用上述相对论总能量公式来构建方程。但因为其左边是 E 的平方，相应的算符便包含对时间的二阶偏导，这样构成的方程实际上就是后来的克莱因-高登方程。但是，薛定谔从如此建造的方程中，没有得到令人满意的结果，还带给人们所谓负数概率的困惑。后来，狄拉克解决了这个问题，此是后话。

8.4 薛定谔的猫 弄拙反成巧

薛定谔方程是薛定谔对量子力学的最大贡献，但广大民众知道薛定谔的名字，或许是由于一部有关他的舞台浪漫喜剧《薛定谔的女朋友》，也可能是因为许多量子力学科普读物中经常描述的“薛定谔的猫”！

薛定谔的猫，是薛定谔于 1935 年在一篇论文中提出的一个佯谬，也被称为“薛定谔佯谬”，实际上，是一个思想实验。

薛定谔于1926年创立了薛定谔方程,成功地解出了氢原子的波函数,这是一个十分难得、非常美妙的解析解,比玻尔模型更为精确地解释了实验中得到的光谱数据及精细结构常数的意义等。虽然再要找其他更多的解析解难之又难,但对氢原子的成功,使人们相信新量子论,即量子力学的正确性。

电子既是粒子,又是波。粒子的运动规律用牛顿定律描述,“粒子波”的运动规律用薛定谔方程描述。牛顿方程的解 $x(t)$,是空间位置 x 随时间变化的一条曲线,显示粒子在空间运动的轨道。薛定谔方程的解 $\psi(x,t)$,是一个空间及时间的复数函数“波函数”。牛顿经典轨道 $x(t)$只是一条线,量子波函数解 $\psi(x,t)$却弥漫于整个空间。粒子轨道的概念容易被人接受,但对波函数的解释却众说纷纭。

因此,尽管有了波函数,对它的解释却成了问题。薛定谔自己曾经想把它解释为电荷的分布函数,这个想法,连他自己都觉得不现实。

在对量子论的态度上,薛定谔与普朗克和爱因斯坦有类似之处,他们都是量子思想的奠基者,但又是被经典哲学牢牢捆住的“老顽固”。革命的科学精神引领他们不停地披荆斩棘开垦处女地,但开垦地上长出来的果实又狠狠地给他们脑袋重重一击!将脑海中许多固有的经典观念敲得咚咚响。

薛定谔在爱因斯坦的推动下建立了波动力学,解出了波函数,回过头来却不知其为何物,即便有玻恩玻尔等提出概率解释、“哥本哈根诠释”等,他们俩却接受不了。哥本哈根一派人物用“叠加态”来解释颇显奇妙的量子现象。

那么,什么是“叠加态”?根据我们的日常经验,一个物体某一时刻,总会处于某个固定的状态。例如,我说:女儿现在“在客厅”里。或是说:女儿现在“在房间”里。女儿要么在客厅,要么在房间,这两种状态,必居其一。这种说法再清楚不过了。然而,在微观的量子世界中,情况却有所不同。微观粒子可以处于一种所谓“叠加态”的状态中,这种叠加状态是不确定的。例如,电子可以同时位于两个不同的地点 A 和 B,甚至位于多个不同的地点。也就是说,电子既在 A,又在 B。电子的状态是“在 A”和“在 B”,两种状态按一定概率的叠加。物理学家们把电子的这种混合状态,叫作“叠加态”。如果把叠加态概念用到经典例子,就是说:女儿既在房间又在客厅。

薛定谔觉得这种说法很可笑，于是，他在1935年发表了一篇论文，设计了一个思想实验，在这个实验中，他把量子力学中的反直观效果转嫁到日常生活中的事物上来，试图将微观不确定性变为宏观不确定性，微观的迷惑变为宏观的佯谬，也就是说，将微观世界中叠加态的概念转嫁到"猫"的身上，如此而导致一个荒谬的结论：一只现实世界中不可能存在的"又死又活"的可怖的猫！

薛定谔想以此来嘲笑玻尔等对量子物理的统计解释，但反而向大众科普了量子论的基本思想，即叠加态的概念。按照量子理论：如果没有揭开盖子进行观察，薛定谔的猫的状态是"死"与"活"的叠加。此猫将永远处于同时是死又是活的叠加态。这与我们的日常经验严重相违。一只猫，要么死，要么活，怎么可能不死不活，半死半活呢？这个听起来似乎荒谬的物理理想实验，却描述了微观世界的真实现象。它不仅在物理学方面极具意义，在哲学方面也引申了很多的思考。

这只猫的确令人毛骨悚然，使得相关的争论一直持续到今天。连当今著名的物理学家霍金也曾经愤愤地说："当我听说薛定谔的猫的时候，我就想跑去拿枪，干脆一枪把猫打死！"

在宏观世界中，既死又活的猫不可能存在，但许多实验都已经证实了微观世界中叠加态的存在，以及被测量时叠加态的坍缩。通过薛定谔的猫，人们认识到微观现象与宏观之不同，微观叠加态的存在，是量子力学最大的奥秘，是量子现象给人以神秘感的根源，是我们了解量子力学的关键。

8.5 出版《生命是什么》跨界物理和生物

薛定谔还写过一部生物学方面的书和许多科普文章。1944年，他出版了《生命是什么》一书。此书中薛定谔自己发展了分子生物学，提出了负熵的概念，他想通过物理的语言来描述生物学中的课题。之后发现了DNA双螺旋结构的詹姆斯·D.沃森(James D. Watson)与弗朗西斯·克里克(Francis Crick)，都表示曾经深受薛定谔这本书的影响[11]。

科学界有一句玩笑话，说在物理学家看来，所有的问题都是物理学的问题。事实上,这句话也不是没有道理,物理学是研究大自然基本规律的科学,大自然包括了万物。既然生命体系是大自然的一部分,那就当然也逃不掉最基本的物理定律。

薛定谔是一位物理学家。他也希望从物理学的角度去理解生命是什么,认为物理学能够对理解生命的本质提供独特的启发。

在薛定谔的时代,科学家还没有完全理解遗传的物质基础是什么。当时的技术条件仅仅能识别染色体,人们还不知道 DNA 的内部组成成分,不知道遗传物质是核酸。但薛定谔觉得,物理学的研究方法一定能对理解生命的本质有帮助。所以他写了那本书,果然影响了后人对 DNA 的发现,之后也促进了物理生物学的发展,至今也还有一定的意义。

薛定谔在书中还提出了另一个"负熵"的革命性观点。热力学第二定律认为熵增是一个自发的由有序向无序发展的过程,最终将归于热寂。然而,生命现象却能够生生不息,不断地做到从无序到有序。当时薛定谔的观点是,生命体处于一个开放状态下,不断地从环境中汲取"负熵",使得有机体能成功地消除当它自身活着的时候产生的熵。普利高津后来提出了"耗散结构",试图解释无序如何能达到有序,目前,这些仍然是热门的研究课题。未来的生命科学,将和物理、化学、工程等结合交叉在一起,实现薛定谔的愿望。

9

协建矩阵力学奠基量子论　提出概率诠释解释波函数

当年的量子江湖上派别林立、人物众多，如果就地域而言有三大巨头：哥本哈根的玻尔、慕尼黑的索末菲和哥廷根的玻恩。玻尔和索末菲都已经写过了，德国物理学家马克斯·玻恩(Max Born，1882—1970)也是我们前文经常提到的人物，此节再来专门写写他(图 9-1)。

图 9-1　马克斯·玻恩

9.1　矩阵力学奠基新量子论

其实有人认为，玻恩才是量子力学的真正奠基人，这句话不无道理。首先，是玻恩在 1924 年的文章里呼唤新量子论的出现。然后，量子力学(新量子论)最早开始于矩阵力学，而不是薛定谔方程。玻恩在矩阵力学的建立中起了关键的作用。

再则,薛定谔方程与矩阵力学是等价的,无论是方程解出的波函数,还是矩阵算符,都需要解释其物理意义。最能被人接受的解释是玻恩提出的概率解释。

三大巨头有他们各自的擅长之处。

玻尔研究所中年轻人多,朝气蓬勃,无条条框框,最能接受新的哲学思想,可被称为革命派。毫无疑问,创立新量子力学理论需要革命派。开尔文爵士在祝贺玻尔 1913 年建立氢原子模型时的一封信中承认,玻尔论文中很多新东西他不能理解,开尔文有句话说得十分深刻,其大意是,基本的新物理学必将出自无拘无束的头脑!

新理论也需要像索末菲这样的物理学和数学皆通的、首屈一指的好老师!索末菲在慕尼黑大学的物理中心,被誉为理论物理学家的摇篮,孕育出了许多优秀的物理学家,因此,慕尼黑一派为物理帮。

而玻恩所在的哥廷根大学,以坚实的数学基础著称,则可算作数学帮。

玻恩出生于德国布雷斯劳(现在属于波兰)的一个犹太家庭。父亲是大学的解剖学教授。玻恩大学毕业后进入哥廷根大学攻读博士,在那儿结识了 3 位伟大的数学家:费利克斯·克莱因、大卫·希尔伯特与赫尔曼·闵可夫斯基。在这 3 位数学大师指导下,玻恩得到非常好的数学训练。3 位数学家中,克莱因的专长是非欧几何和群论;希尔伯特和他的学生为量子力学和广义相对论的数学基础做出了重要的贡献;闵可夫斯基是四维时空理论的创立者,以闵可夫斯基空间知名。在哥廷根大学,年轻有为、活力四射的玻恩,很快就得到希尔伯特的赏识,被他选择为讲课时的抄录员,记录课堂笔记。这个平凡又特别的工作使得玻恩与希尔伯特有很多单独交流的机会,后来,希尔伯特成为玻恩的正式博士生导师。

当玻恩 1908 年得知爱因斯坦的狭义相对论后,十分感兴趣。闵可夫斯基邀请他回哥廷根大学,共同研究相对论。也就是这次机会,使玻恩了解到矩阵代数,以方便处理闵可夫斯基的四维时空矩阵。但不幸闵可夫斯基突发阑尾炎去世而使这次合作在短短的 1 个月后便中断了。1915 年,玻恩成为柏林大学副教授,在那里与爱因斯坦结为密友。他们的友谊,经历了物理哲学观点的分道扬镳,以及战争动荡年代的考验，延续了40年，有他们的几百封书信为证[12]。

玻恩对量子力学的研究是从晶体研究开始的。玻恩集中精力研究晶体结构，并把爱因斯坦的狭义相对论推广到晶体中电子的运动。

玻恩曾经与之后转向航天技术的冯·卡门合作研究固体的热容，把量子论推广到固体热容问题。后来，玻恩应用玻尔半量子化的理论研究晶体，得出一些与实验相违背的结果，这使玻恩确信旧量子论存在严重问题，必须重建新理论。从以下玻恩给爱因斯坦几封信的只言片语中，可以看出一点玻恩和他的团队思考研究最后建立新理论的过程[12]。

1921年，玻恩写给爱因斯坦"量子理论，毫无希望，一团糟也"，表现出他无比困惑的情绪。

1923年，玻恩在写给爱因斯坦的信中说："一切如常，唯研究量子论，欲寻一计解氦原子也。"他仍然困惑，但似乎有了研究方向。

1925年，玻恩说："约尔当与我正考究经典多周期系统，欲解量子化原子间之对应关系也。今有一文将发，此文欲解非周期场问题。"他看起来有了一点进展，发表了文章。

1925年7月15日，玻恩说："海森堡将新发论文，望之甚秘，必然真切而深刻也！"海森堡的研究带来了希望，玻恩的兴奋之情溢于言表。

1925年7月、9月、11月，玻恩等分别发表了"一人文章""二人文章""三人文章"，标志着新量子论的诞生。

9.2 概率解释波函数

玻恩等人对量子力学的贡献巨大，但矩阵力学的运气不太好，刚一出生就碰到了薛定谔的"波动力学"这匹黑马。

尽管物理学家们一直在期待着新量子理论，但"三人数学帮"建立的矩阵力学使他们感觉讨厌，因为他们从来没见过这种东西！其实从现在我们这一代人的观点来看，矩阵运算也未必见得比微分方程更困难。

当年的爱因斯坦也是这样，尽量不接受新的、他认为颇为"古怪"的数学。矩阵和复数，在爱因斯坦那儿不怎么受待见。例如，对爱因斯坦的狭义相对论，闵可夫斯基引入了虚值时间坐标，又将时间和空间写在一起，成为四维空间的一个整体，数学上看起来很漂亮，固然也少不了复数矩阵运算。但爱因斯坦本人却曾经感叹地说："闵可夫斯基把我的相对论弄得连我自己都看不懂了！"

开始时，爱因斯坦对玻恩等人矩阵力学的反应还是积极热情的，因为仅此一物，别无他求！他在1926年3月7日给玻恩的信中表达了这点。但紧接着，新量子理论的发展令人目不暇接，薛定谔于1926年接二连三发出的"炮弹"让物理学家们欣喜若狂：太好了！终于有了用物理学家们熟悉的方式表达的量子力学。他们认为，微分方程使用起来比矩阵更加习惯和方便。真实的原因是，牛顿力学和麦克斯韦方程都是用微分方程描述的。

当时，既有了矩阵力学，又有了波动方程，在表面看起来，矩阵力学是将电子当"粒子"看待，波动力学是将电子当"波动"看待，但是，薛定谔和狄拉克都证明了，两种表述在数学上是等效的。因此，实际上，量子力学的数学形式，已经包含了"波粒二象性"在内。矩阵力学外表描述粒子，将波动性隐藏其中；薛定谔方程则相反，波动性显示在外，而将粒子性隐藏起来。

无论如何，量子力学两套"纲领"的存在使得各路人马的关系逐渐变得有点微妙起来。

海森堡等的矩阵力学，课题是来自于玻恩的晶体研究，而解决问题的思想是基于爱因斯坦有关"可观测量"的概念，以及玻尔对应原理的哲学思考。最后的数学方法又是由玻恩和约尔当提供并共同完成的。后来，薛定谔方程出来之后，人们都奔它而去，求解方程，解释结果，将矩阵力学冷落在一边。海森堡和约尔当出于年轻人的激情，自然地要为捍卫自家创造的独门功夫"矩阵力学"而战。特别是海森堡，对玻恩产生了些许不满情绪，心想：连你也去凑热闹，对人们不知如何解释的波函数提出什么"概率解释"！为此，海森堡还曾经写信给玻恩，谴责他背叛了矩阵力学。不过，这种对两种纲领不同喜好造成的分歧，很快便被另外一种分歧代替了。

大度的玻恩的确没有那种狭隘心态，他以同样欣赏的态度接受了薛定谔的理论，玻恩既承认微观客体的波动性，也坚持主张其粒子性。那么，他如何将两者统一起来呢？这就是他基于对原子系统内碰撞问题的研究而对波函数给出的概率解释。

按照玻恩的观点，电子仍然是粒子，波函数给出的，是电子在空间某处的概率幅。概率幅的平方，决定了电子出现于空间这个点的概率。

玻恩的概率解释不被爱因斯坦接受，原来曾经支持矩阵力学的爱因斯坦很快地转向了新量子论的反面。在 1926 年 12 月 4 日给玻恩的信中，爱因斯坦第一次表述了他的“上帝不掷骰子”的观念：

> 量子力学固可赞，而吾闻内声：其说多言，其理非真也！无使我更近自然之奥秘！无论如何，上帝不掷骰子……

9.3 对易关系和不确定性原理

玻恩这种承认新量子论内在统计随机性的理念，与普朗克、爱因斯坦、德布罗意，还有薛定谔本人的观点直接抵触，但却被哥本哈根的革命派接受，发展成为对量子力学的哥本哈根诠释。

海森堡在与玻恩等共同建立矩阵力学时，已经是玻尔手下的一员，受一伙年轻革命同僚的影响，积极思考如何解释新量子论的问题。他已经不明显地抵触波动方程，转而只在自己的看家本领上下功夫，毕竟矩阵力学和薛定谔方程这两种纲领是等价的嘛。

海森堡于 1927 年提出的不确定性原理是矩阵力学中对易关系的延伸。

$$[x,p]=xp-px=\mathrm{i}\hbar$$

上面的对易关系公式，实际上是玻恩发现的，却被海森堡发展成了著名的不确定性原理。矩阵力学可以说是由 3 个人共同创建，而这个对易关系却只是玻恩一个人的功劳，最后的成果全部记到了海森堡名下！为此，玻恩只能默默地咽下苦水，留下遗愿让后人将这个式子刻在他的墓碑上(图 9-2)。

图 9-2 玻恩墓碑

总的来说,玻恩对自己的学术贡献是满意的,但他也为自己一直没有获得诺贝尔奖而抱怨过。爱因斯坦虽然不满意玻恩的概率解释,仍然于 1928 年提名海森堡、玻恩、约尔当三人为诺贝尔奖候选人(因创建矩阵力学)。但是不知为何,最后只有海森堡一人于 1932 年获奖。连海森堡自己都为此感到不安,致信玻恩表达他的遗憾,认为玻恩和约尔当的贡献不会被这个"外部的错误决定"所抹杀。

玻恩直到 1954 年终于因为他提出的波函数概率解释而得到诺贝尔物理学奖。

9.4 钟情于晶格动力学

晶格动力学是玻恩纵贯一生的研究领域,上面说过,矩阵力学也是从与此相关的研究课题中建立起来的。爱因斯坦曾经高度评价玻恩在晶体研究方面的工作:

> 玻恩和德拜是最重要的。他对晶格动力学的系统研究代表了我们对固体过程理解的巨大进展……

玻恩曾经与冯·卡门一起研究结晶学。后者转变研究方向后,玻恩则因"偏爱原子理论，决心系统地建立晶格动力学理论”而继续晶体研究课题，结果成了量子力学的奠基人之一[13]。

著名物理学家莫特认为玻恩在结晶学领域有“诺贝尔奖水平的工作”。

玻恩还有一个特别的贡献，是对中国物理学家们的巨大影响。中国著名理论物理学家彭恒武是他的博士生。玻恩的最后一部纯科学著作《晶格动力学理论》，是与当年在英国留学的中国著名物理学家黄昆合著的。该书当年在牛津出版，一直是这一领域的最权威著作之一[14]。玻恩还对其他几位中国物理学家有影响，此是后话，在此不表。

玻恩 1970 年 1 月 5 日逝世，享年 87 岁。

10

把玩数学狄拉克惜字如金　假设能海正电子预言成真

那是 1925 年，玻恩和约尔当刚刚从海森堡的计算中得出了许多好结果，却收到一个他不知道的年轻英国物理学家撰写的论文副本。这人名叫保罗·狄拉克(Paul Dirac，1902—1984)。紧接着，狄拉克发表了他量子力学的第一篇论文，令玻恩惊讶的是，其中已经包含了比他和约尔当在文章中使用的更为抽象的数学语言。

原来狄拉克是从海森堡得花粉过敏后，去剑桥访问时作的一个小型报告中得知矩阵力学的，狄拉克散步时，脑海中总在盘旋着海森堡那个奇怪的乘法规则 $p\times q\neq q\times p$，并且联想起了经典的泊松括号，与此不是很相似吗？

所以，实际上，量子力学当初是由三套马车拉着诞生的——海森堡、薛定谔、狄拉克。尽管当年，狄拉克的知名度似乎不如海森堡和薛定谔，但这个年轻的英国人很快就在量子江湖上崭露头角。

10.1 "狄拉克单位"

狄拉克出生于英格兰的布里斯托，他的风格是以精确和沉默寡言而著称(图 10-1)。你听过"狄拉克单位"吗？它不是狄拉克在物理学中的创造，而是当年剑桥大学的同事们描述狄拉克时所开的善意的玩笑，因为他们将"1 小时说 1 个字"定义为 1 个"狄拉克单位"，来描述狄拉克的少言寡语。

狄拉克的母亲是英国人，父亲是来自瑞士的移民。他的父亲是一位法语教师，对家人严厉而专制，例如，他规定孩子们要说法语，使得家人之间交谈极少，家中完全没有了社交气氛。父母加兄弟姐妹零交流的场景，小狄拉克司空见惯，并且还以为每个家庭都如此！狄拉克和哥哥费利克斯曾经同在一所大学学工程，兄弟俩街

图 10-1 沉默寡言的狄拉克

头碰见擦肩而过也互不言语。直到后来，1925 年，哥哥因抑郁症自杀身亡，这引发了父母的极度悲伤，才第一次深深地触动了狄拉克，方知不言不语的家人之间，心中尚有真情在！

狄拉克惜字如金的习惯，使他的文章形成特殊的风格：言简意赅，没有废话。这点杨振宁先生在他的文章和演讲中经常多次提到。杨先生在他的《物理学与美》的文章中说[15-16]，狄拉克的文章给人以"秋水文章不染尘"的感受……在另一个场合，杨先生又用高适在《答侯少府》中的诗句"性灵出万象，风骨超常伦"来描述狄拉克方程和反粒子理论。他认为狄拉克方程确实包罗万象，而又能让人感受到其中喷发而出的灵感[17]。

狄拉克特别追求物理规律的数学美，比较科学和诗，他有一段精彩评论，令人听后不由得莞尔一笑。他说："科学是以简单的方式去理解困难事物，而诗则是将简单事物用无法理解的方式去表达，两者是不相容的。"海森堡与狄拉克个性迥异，海森堡喜欢社交，在晚会上经常与女孩子跳舞，狄拉克静坐旁观后，问海森堡为何这么喜欢跳舞，海森堡说："和好女孩跳舞是件很愉快的事啊！"狄拉克听后沉思无语，好几分钟之后冒出一句似乎与量子力学之"测量"以及"不确定性关系"有点关联的话："还未测试，你如何能判定她是或不是好女孩呢？"图 10-2 为狄拉克与海森堡的合影。

图 10-2　狄拉克(左)和海森堡(右)

狄拉克不仅言稀语少,文不染尘,性情品格也是超脱不群,几乎是一位独一无二的"纯洁"科学家！当他获知自己赢得了1933年的诺贝尔物理学奖时,对卢瑟福说,他不想出名,想拒绝这个奖。卢瑟福对他说:"你如果拒绝了,更会出名,别人会不停地来麻烦你。"听了卢瑟福的话,狄拉克才欣然前往,在领奖典礼上作了一个"电子和正电子理论"的报告。据说英国皇室曾经册封狄拉克为骑士,可是狄拉克却拒绝了,只因为他不想让自己的名字加上一个前冠。

有一次,狄拉克作报告后学生提问题,一个学生说:"你黑板上那个方程我看不懂。"狄拉克半天不作声,主持人提醒他"请回答问题",狄拉克却说:"他的话是一句评论,不是问题!"

狄拉克是一个纯粹的真正学者型人物,玻尔曾说:"在所有物理学家中,狄拉克拥有最纯洁的灵魂。"他除了不说废话之外,物质生活上也极为简单,不喝酒、不抽烟,只喝水,在饮食方面别无他求,其他方面的兴趣也很少,最大的业余爱好就是

“散步”[18]。

狄拉克在散步中，散出了若干项成果，有数学的、物理的、工程的。即使就在量子力学范围内，也有方程、有符号、有预言，可谓不胜枚举。下面我们不按时间顺序，先介绍一个简单的。

10.2 狄拉克δ函数

学物理和工程的，没有不知道狄拉克δ函数的。如图10-3所示，δ函数最为简单直观的定义，由如下两点特性表述：

(1) 零点为无穷大，其他都是零的实数变量函数；

(2) 整个函数在实数轴上积分为1。

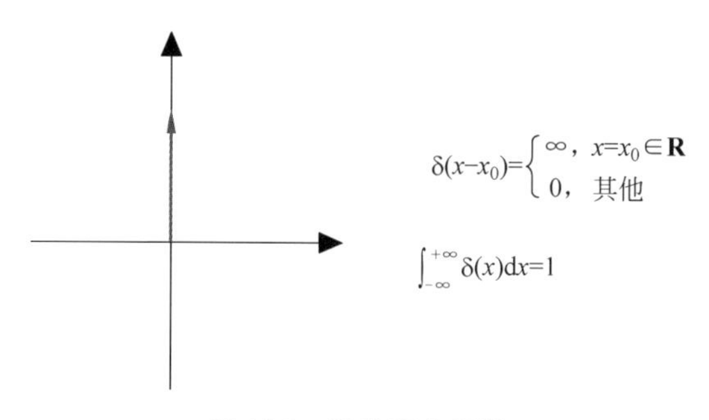

图10-3 狄拉克δ函数

如将δ函数用在许多具体运算上，你会觉得它十分好用，甚至会感到非常美妙，让你真切地体会到狄拉克本人无比欣赏的“数学之美”！举一个狄拉克名言，以说明他对数学美的极端追求。在1963年《美国科学人》的一篇文章中，他写出如此超凡脱俗的话：“使一个方程具有美感比使它去符合实验更重要！”

狄拉克是在发展量子力学的过程中使用狄拉克δ函数的。狄拉克形式地将泊松括号拆开，创造了表示量子态的著名的左矢“⟨|”“右矢|⟩”等“狄拉克符号”，并以此发展出一个漂亮的量子力学符号运算体系，最终导致冯·诺依曼(von Neumann)提出用抽象的希尔伯特向量空间来构建量子理论的数学基础。

事实上，狄拉克并不是第一个想到类似δ函数的，早在1827年，柯西就首次明确地写过一个“无限高的单位脉冲函数”。狄拉克是为了更为方便地让人们使用希尔伯特向量空间中的线性算子，将空间中的向量表示成特征向量的线性组合。在他的《量子力学原理》一书中，第一次正式将 δ 函数写成如今的形式。因此，后来大家就称其为狄拉克 δ 函数。

也许只有像狄拉克这样集物理学家、数学家、工程师于一身的人，才有胆量创造出如此美妙的“函数”，以至于大大惊动了做数学的人们，不想承认这个不符合经典函数理论的怪异函数！不过，最终，δ 函数在物理和工程中被众人喜爱且被广为应用，成为科学家和工程师们处理不连续情形时最强有力的工具。这时候，数学家们才来紧跟着忙活了一阵子，就此而让它严格化，使它成为最早定义的“广义函数”，并由此也帮助了数学家们，开创了泛函分析这个函数论发展中的重要分支。这个事实再一次证明：物理学家“离经叛道”发明的数学工具，往往能够出其不意地推动数学的发展。

据狄拉克声称，大学时代接受的工程教育对他的研究工作影响深远，使他明白了做科学研究时要“容许近似”。近似的理论照样表现出惊人的“数学美”，狄拉克 δ 函数即为一例。

10.3　狄拉克方程

1933 年，狄拉克与薛定谔分享诺贝尔物理学奖，因为他们都为量子力学建立了方程：狄拉克方程和薛定谔方程[19]。

薛定谔一开始是想搞一个相对论性的方程(即后来的克莱因-高登方程)，但他没成功。不过薛定谔很聪明，退而求其次，根据牛顿力学中能量-动量的关系，首先弄了个非相对论的方程，这就是著名的薛定谔方程。薛定谔方程在低能非相对论的条件下，居然还出奇地好用，解决了微观世界的许多物理难题。

最终解决粒子的相对论性波动方程问题的是狄拉克。狄拉克方程又一次表现出这位天才学者追求的数学美，他将粒子的自旋内涵，自动地包括在方程中！

狄拉克想，如果从相对论经典粒子应该满足的能量动量关系式出发：

$$P^2c^2+m^2c^4=E^2$$

将 E 和 P 换成量子力学中的微分算符的话，便得到下面的方程：

$$\frac{1}{c^2}\frac{\partial^2}{\partial t^2}\psi-\nabla^2\psi+\frac{m^2c^2}{\hbar^2}\psi=0$$

这就是克莱因-戈登方程，但人们发现它实用价值不大，还会导致解释不通的负概率和负能量问题。这是为什么呢？狄拉克敏锐地感觉到，问题出在时间的二阶微分上。狄拉克异想天开：为什么不将微分算符进行一个开方运算呢？

$$\mathrm{Sqrt}(P^2c^2+m^2c^4)=E$$

狄拉克还真就这么“形式的”做了，于是便得到了著名的狄拉克方程

$$(-\mathrm{i}\boldsymbol{\alpha}\cdot\nabla+\beta m)\psi=\mathrm{i}\frac{\partial\psi}{\partial t}$$

这里

$$\boldsymbol{\alpha}=\begin{bmatrix}0 & \boldsymbol{\sigma}\\ \boldsymbol{\sigma} & 0\end{bmatrix},\quad \boldsymbol{\beta}=\begin{bmatrix}\boldsymbol{I} & 0\\ 0 & -\boldsymbol{I}\end{bmatrix}$$

$\boldsymbol{\sigma}$ 是泡利矩阵；$\boldsymbol{I}$ 是单位矩阵

$$\boldsymbol{\sigma}_1=\begin{bmatrix}0 & 1\\ 1 & 0\end{bmatrix},\quad \boldsymbol{\sigma}_2=\begin{bmatrix}0 & -\mathrm{i}\\ \mathrm{i} & 0\end{bmatrix},\quad \boldsymbol{\sigma}_3=\begin{bmatrix}1 & 0\\ 0 & -1\end{bmatrix}$$

狄拉克方程的优越性是将相对论和电子自旋自动地隐含其中。

10.4 狄拉克海

狄拉克对量子理论的贡献可说是无与伦比。他在 1925—1927 年所做的一系列工作为量子力学、量子场论、量子电动力学及粒子物理奠定了基础。

狄拉克喜欢单独一人玩数学，摆弄方程式，量子力学在他神奇的手里玩来玩去，最终被极为美妙地数学化、形式化。他将众物理学家们养大的这个“量子妖精”，用逻辑清晰、简洁而奇妙的数学理论，装扮成了一个清纯美丽的天使。

狄拉克在 1928 年发表了他的相对论性电子运动方程，即上面介绍的狄拉克方程，实现了量子力学和相对论的第一次综合。这个方程不会像克莱因-戈登方程那样，导致负数概率的出现，并且与电子快速运动的实验符合得很好，得到物理学界的认可。

狄拉克方程中，将旋量的概念引进量子力学，之前一年，泡利也曾经用“旋量”

来解释电子的自旋，但狄拉克通过狄拉克方程，更系统、更美妙地描述了电子这个极其重要的内秉性质，充分体现出量子理论的“数学美”。

不过当时，狄拉克方程的解中，仍然有一个结果令狄拉克困惑。这点和克莱因-戈登方程一样，会导致电子可以具有“负能量”状态的荒谬结论。因为如果存在这种状态的话，所有的电子便都可以通过辐射光子向真空中这个最低能态跃迁，这样一来，整个世界应该在很短的时间内毁灭。为了克服这一困难，狄拉克发挥了他天才的想象能力，他想象我们世界所谓的“真空”，已经被所有具有负能量的电子填满了，只是偶尔出现一两个“空穴”。因为最低能量态已经填满了，电子便不可能跃迁，由此而避免了世界毁灭的结论。他给这个被负能量电子填满了的真空，取名叫作狄拉克海(Dirac sea)。而狄拉克海中偶尔出现的“空穴”泡泡又是什么呢？狄拉克说，那些空穴应该在所有方面都具有和负能量的电子相反的性质，那就是说，一个“空穴”，应该是一个电荷为正、能量为正的粒子。如果我们世界中的正能量电子，碰到这样的“空穴”，就会辐射光子而向这个偶然出现的负能量跃迁，最后结果是电子没有了，空穴也没有了，它们的能量转换成了光子的能量。说到这儿，很多读者都想到了，这就是我们现在所说的电子碰到正电子时，发生的“湮灭”现象。那么，“空穴”不就是物理学家们后来称之为正电子的东西吗？

当时的狄拉克也许只是为了追求他的理论的数学美，而做出的能自圆其说的美丽假设。可没想到，在1932年，从美国加州理工学院传来一条令人吃惊的消息：卡尔·戴维·安德森(Carl David Anderson)在研究宇宙射线的云室里，发现了一种与狄拉克假设的“空穴”一模一样的新粒子——正电子！这是人类第一次发现的反物质。

狄拉克的负能量电子海假设，预言了正电子，启发人们对其他反物质的设想，也使科学家们对真空重新思考。狄拉克海与反粒子预言是现代理论物理最高成就之一，这项成果来自数学的力量，来自狄拉克追求的数学美。1970年，将近70岁的狄拉克受聘来到美国佛罗里达州立大学，14年后，他长眠于佛罗里达，留下他毕生追求的数学美照耀人间。

第三篇

伟人纠缠(玻爱辩论)

在量子力学理论及应用上，都取得了成功的同时，对其如何解释和诠释，却是让物理学界充满争议。自从爱因斯坦强烈反对，并提出量子力学是不完备的理论以来，补充或替代理论的追寻也从未停止。可以说直至今天，也仍然是众说不一。几十年间，玻尔和爱因斯坦的数次论战中，两位创始人坚持不同观点。谁也说服不了谁！分歧一直延续到现在，物理大师们对量子力学的理解仍然未能统一。

11
玻尔兹曼创统计力学　得意门生步大师后尘

在介绍著名的世纪大战“玻爱之争”之前，让我们再往前追溯一下量子思想的渊源。人们通常说的是，牛顿之后一片晴空，直到两朵小乌云导致经典物理之革命，其中的量子革命始于普朗克解决黑体辐射问题。这是历史事实。不过，牛顿到普朗克及爱因斯坦之间，还相隔了200多年，这段时期，物理学家不会闲着！如果仔细考察，在大框架之下，某些时候仍见“暗流汹涌”，与量子革命相关的暗流是热力学及统计物理的发展。因此，本节我们介绍两位先后走向自杀道路的统计物理学家师徒俩——玻尔兹曼和他的学生埃伦费斯特(图11-1)。

图11-1　玻尔兹曼(左)和埃伦费斯特(右)

11.1　玻尔兹曼建立统计力学

1906年9月5日那个阴晦的下午，一位伟大的物理学家，在意大利度假的旅店里，因情绪失控而自缢身亡。他就是热力学和统计物理的开山鼻祖——路德维希·玻尔兹曼（Ludwig Boltzmann，1844—1906）。当年的大多数物理学家们不见得愿意提起玻尔兹曼的死因，因为居然涉及学术界一段长久的论战纷争。

但就个人因素而言，玻尔兹曼之死与其性格有关，他孤僻内向，导致了严重的抑郁症。当年的玻尔兹曼沉浸在他的"原子论"与奥斯特瓦尔德的"唯能论"不同见解的斗争中。实际上，这场论战是以玻尔兹曼的取胜而告终。但是，长长的辩论过程使玻尔兹曼精神烦躁，不能自拔，痛苦与日俱增，最后只能用自杀来解脱心中的一切烦恼。图 11-2 是玻尔兹曼与同事的合影。

图 11-2 玻尔兹曼（中）和同事们

玻尔兹曼一生与原子结缘，但他不是如同汤姆孙、卢瑟福、玻尔那样为单个原子结构建造模型，他研究的是大量原子、分子聚集在一起时的统计规律，即这些粒子的经典统计规律。

玻尔兹曼最伟大的功绩，就是发展了通过原子的性质来解释和预测物质的物理性质的统计力学，并且从统计概念出发，完美地阐释了热力学第二定律。

他研究分子运动论,其中包括研究气体分子运动速度的麦克斯韦-玻尔兹曼分布,基于经典力学的研究能量的麦克斯韦-玻尔兹曼统计和玻尔兹曼分布。它们能在非必须量子统计时解释许多现象,并且更深入地揭示温度等热力学系统状态函数的物理意义。

玻尔兹曼关于统计力学的研究,为他在物理学的巨人中赢得了一席之地。正是在玻尔兹曼及麦克斯韦等人创立的经典统计方法之基础上,玻色、爱因斯坦、费米、狄拉克等人建立了量子统计规律。量子统计涉及全同粒子、自旋波函数、费米子、玻色子等概念,在量子力学的发展过程中尤其重要。

玻尔兹曼的工作不仅仅扩展到后来的量子统计,当时还直接影响到旧量子论的建立。普朗克受到玻尔兹曼的影响,在进行关于黑体辐射量子论工作时,他得出辐射定律的理论推论中,便使用了玻尔兹曼的统计力学,尽管他此前曾表示"厌恶热力学"。爱因斯坦在发表光电效应及狭义相对论的同一年,发表了一篇有关布朗运动的论文,也是在玻尔兹曼统计观念启发下的成果。导致量子概念的黑体辐射研究本来就是热力学课题。因此可以说,如果没有玻耳兹曼在热力学、统计物理及原子论方面的贡献,不可能有包括量子理论在内的现代物理学。

11.2　玻尔兹曼捍卫原子论

玻尔兹曼的分子运动论是在预设原子和分子确实存在前提下建立的。

如今我们把原子、分子的存在当作理所当然的事,玻尔对量子论的贡献也正是基于原子模型上的。但在一两百年前却不是这样的,尽管道尔顿 1808 年在他的书中就描述了他想象中物质的原子和分子结构,但是这种在当时看不见、摸不着的东西没有多少人真正相信。一直到道尔顿之后过了八九十年的玻尔兹曼时代,他还在为捍卫原子理论与"唯能论"的代表人物做艰苦斗争。

所谓"唯能论"是什么意思呢?在 18 世纪的分析力学大发展之后,能量的概念深入人心,力的概念几乎被抛弃,恩斯特·马赫及奥斯特瓦尔德等便认为,既然能量这么好,那我们为什么不把所有理论都建立在"能量"这个概念上呢?也就是说,他们认为没有物质(原子)只有能量,这就是唯能论!那时候没有电子显微镜,谁也没看见过原子。原子论的反对者们当年常说的一句话是："你见过一个真实的原子吗?"

当时的玻尔兹曼当然也无法看见原子，但他凭着自己的物理直觉，相信原子的存在，认为物质由分子和原子组成。玻尔兹曼不能看着唯能论者靠一派胡言毁掉自己毕生的心血，于是，他展开了与"唯能论"长达十年的论战。

大凡科学天才，性格往往都具有互为矛盾的两方面，玻尔兹曼也是如此，他有时表现得极为幽默，给学生讲课时形象生动、妙语连珠，但在内心深处却又似乎自傲与自卑混杂。

玻尔兹曼是坚定的原子论支持者，反对唯能论者把能量看作世界唯一本原的说法。玻尔兹曼有杰出的口才，但提出唯能论的德国化学家奥斯特瓦尔德也非等闲之辈，他机敏过人、应答如流，且有在科学界颇具影响力却又坚决不相信"原子"的恩斯特·马赫做后盾。而站在玻尔兹曼这一边的原子论支持者，看起来寥寥无几，而且大多数都是些不耍嘴皮的实干家，并不参加辩论。因此，玻尔兹曼认为自己是在孤军奋战，精神痛苦，闷闷不乐。虽然这场旷日持久的争论中，玻尔兹曼最终取胜，但却感觉元气大伤，最后走上自杀之路。

实际上，"唯能论"与"原子论"两种理论，在当年没有实验支撑的情况下很难分辨对错。这也就是玻尔兹曼困惑之处。爱因斯坦后来评价玻尔兹曼："他明白自己有着那个时代最睿智的头脑，这也是他自负的资本，但是他的自卑也是明显的，一旦有很多人站在他的对立面，他就会忐忑不安，反复地思考自己是否有这样或那样的错误……"玻尔兹曼自信他的物理直觉，却又无法证明原子的存在。因此，他实际上不仅仅是在与对手辩论，也是在与自己辩论。自己和自己辩论十年未果，这才是他感觉无比悲哀的真正原因！

11.3 埃伦费斯特其人

历史是无情的，并不完全按照科学家们的努力程度和成果大小来记载他们的名字，名声不见得与贡献成正比。人们喜欢说，站在"巨人"的肩上，然而，有些时候的实际情况很可能是站在"一群矮子"的肩上！

即使只考查量子理论的发现建立过程,除了那些闪光的名字之外,也还可以列出一大堆你没听过的人名。特别是在新量子论(量子力学)建立之前,除了介绍过的索末菲外,还有英国的威尔逊、日本的石原纯,我们下面要介绍的埃伦费斯特及帕邢、拜克、朗德,还有曾经与玻尔合作发表文章的克拉默斯(Kramers)和斯莱特(Slater),以及其他我们叫不出名字的若干人。他们的工作与旧量子论一起,被量子力学的时代巨流冲刷和淹没,如今只具有了历史意义。

保罗·埃伦费斯特(Paul Ehrenfest,1880—1933)是奥地利人,出生于一个小村庄的犹太家庭,他的父亲来自一个贫穷的犹太家庭,但后来,他的父母拥有了一间生意兴隆的杂货店,以此维持生计。埃伦费斯特后来取得了荷兰国籍。

埃伦费斯特在维也纳大学听过玻尔兹曼讲授热的分子运动论,之后成为玻尔兹曼的学生,从事统计物理学研究。刚毕业时的埃伦费斯特默默无闻,在欧洲各个大学之间游历。一天,他在开往莱顿的两天一夜的火车上,邂逅了一位"贵人",两人成为至交。那是当年物理界的大师级人物——H. A. 洛伦兹。洛伦兹欣赏埃伦费斯特的才能,并邀他到家中做客。因此,埃伦费斯特有幸在"洛伦兹家的小聚会"上,接触到玻恩、索末菲、普朗克、爱因斯坦等大人物。洛伦兹在1912年推荐埃伦费斯特接任自己在荷兰莱顿大学的教授职务。此后,埃伦费斯特一直在莱顿大学主持工作,他的贡献的领域主要是在统计力学及对其与量子力学的关系的研究上,还有相变理论及埃伦费斯特理论。

埃伦费斯特在布拉格遇见爱因斯坦后,他们成为密友。

埃伦费斯特与玻尔交往也很深,在第五次索尔维会议上的玻爱辩论中,埃伦费斯特最后站到了玻尔一边,但又因没有支持好友爱因斯坦而颇感沮丧。

11.4　埃伦费斯特的浸渐(绝热)原理

如果说,玻尔的对应原理是在经典物理学和量子力学之间架起的一座桥梁,那么,埃伦费斯特的浸渐原理则是两者之间的又一座桥梁。

在1912—1933年这段时间中,埃伦费斯特的最重要的成就是浸渐原理,此外,他在量子物理学中也做出了杰出贡献,包括相变理论和埃伦费斯特理论。

浸渐原理也称绝热不变量原理。自从量子力学建立以来，已经不需要这个原理，但在1925年之前的旧量子论时代，这个原理可是颇受青睐，并且起过关键作用的。

旧量子理论可以说是经典物理加上量子化条件。例如玻尔的原子模型，电子如经典行星模型取圆形轨道，而量子化方案的对象是角动量。量子化的轨道角动量只能取某个常量的整数倍。此外，普朗克和索末菲等都有自己的量子化条件。选取适当的量子化对象，可以成功地解释经典理论解释不了的实验数据，这就是旧量子论。然而，玻尔、索末菲等人的成功都多少带有一点“拼凑”的性质，他们无法解释他们选取作为量子化对象的为什么是那些特定的量，而不是其他的物理量。

这个问题是被埃伦费斯特的绝热不变量原理解决的，1913年，埃伦费斯特在一篇题为《玻尔兹曼一个力学定理及其和能量子理论的关系》的论文中，叙述了他的浸渐关系式，即绝热不变量原理。根据这个理论，应该被量子化的力学量只能是那些在系统参数缓慢改变中不发生变化的量。换言之，只有经典的绝热不变量才能作为系统的量子化对象，才能被量子化。例如，氢原子的角动量是绝热不变量，因此使用角量子数的玻尔模型能成功精确地解释氢原子光谱。按照同样的道理，绝热不变量原理也解释了索末菲量子化条件等其他的旧量子论中的成功例子。

浸渐关系式对旧量子论的发展起到了很大的指导和推动作用，成为经典到量子革命征途上一个重要的里程碑。

11.5 埃伦费斯特的其他贡献

埃伦费斯特对量子力学的贡献，包括1933年最先导出的用于研究二级相变的基本方程，以及以他名字命名的埃伦费斯特定理。埃伦费斯特定理描述了量子算符的期望值对时间的导数，与该算符和哈密顿算符对易算符之间的关系。

从1912年秋天埃伦费斯特在莱顿大学荣幸地继任了洛伦兹的职位开始，他便全身心地投入科研和物理教学中。他在莱顿大学21年的教学生涯中，为荷兰培养了许多新一代的科学精英。图11-3是埃伦费斯特和他的学生们。

图 11-3　埃伦费斯特和他的学生们(1924 年,莱顿)
左起:第开、古兹密特、丁伯根、埃伦费斯特、克罗尼格、费米

埃伦费斯特善于用简单的例子来阐明物理理论的精髓。索末菲曾评价埃伦费斯特教学方面的特点:“他讲起课来像一位大师,我从来没听到过任何人讲课有那么强的感染力……他知道如何使最困难的东西具体化,数学的讨论被他转换成很容易理解的图像。”

埃伦费斯特与爱因斯坦交往密切,也经常书信来往讨论物理问题。即使是对爱因斯坦一人构建的广义相对论,埃伦费斯特也有重要的影响。他曾经提出一个“转盘佯谬”悖论。在这个悖论中,一个圆盘以高速旋转。试想圆盘由许多从小到大的圆圈组成,越到边缘处圆圈半径越大,圆圈的线速度也越大。由于长度收缩效应,这些圆圈的周长会缩小。然而,因为圆盘的任何部分都没有径向运动,所以每个圆圈的直径将保持不变。解决悖论的过程,使爱因斯坦的引力观念飞跃上升到时空几何层次。

物理界第一次使用“旋量”一词,是在埃伦费斯特的一篇量子物理论文中。

埃伦费斯特对发展经济学中的数学理论有兴趣。鼓励他的学生丁伯根继续研究。丁伯根的论文被同时提交到物理和经济学,后来丁伯根成为一个经济学家,并于 1969 年获得诺贝尔经济学奖。

埃伦费斯特也热情鼓励他的学生，提出自旋概念的两个年轻物理学家乌伦贝克和古兹密特，支持他们发表了自旋概念的文章。

11.6 埃伦费斯特之死

20 世纪的物理，量子理论蓬勃发展，学界人才辈出。乐观上进、激情迸发的学术环境，却医治不了孤傲科学家冷漠悲凉、厌倦尘世的不良心态。埃伦费斯特具有非凡的才能，也做出了卓越的贡献，但却在与抑郁症的斗争中失败。他总是对自己不满意，认为自己不如里兹聪明，不如玻尔运气好，不如爱因斯坦智慧，等等。他没有真正看到和理解自己所获取的成果的重要价值，反而产生一种莫名其妙的自卑感。

不知道当年他的老师玻尔兹曼自杀的阴影是否一直笼罩在他的心灵深处，当年老师是因为长年累月的学术论战造成心力交瘁，现在呢，埃伦费斯特别敬重的两位朋友——爱因斯坦和玻尔，也开始了没完没了的争论！

埃伦费斯特原本是优秀的经典物理学家，在旧量子论的年代里也因为提出浸渐假设而得意了一阵子。但是，他对自己在量子力学创建过程中的表现不满意，也不喜欢海森堡和狄拉克那种抽象的新量子论，眼看自己奋斗一生的经典物理衰败了，旧量子论也过时了，变化太快的科学景象没有给他兴奋，反而使他感到无比痛苦！

玻尔和爱因斯坦的争论令他厌烦。起初，埃伦费斯特想调和两人观点上的差异，但最终无能为力。特别令他困惑的是，爱因斯坦居然站到了量子力学的反面！因此，埃伦费斯特后来转向支持玻尔，但又希望好友“醒悟”过来。他甚至对爱因斯坦说出这样的话：“爱因斯坦，我为你感到脸红！你把自己放到了和那些徒劳地想推翻相对论的人一样的位置上了！”

爱因斯坦了解朋友的好意，同时也忧心忡忡地担心埃伦费斯特日益严重的抑郁症。最后，埃伦费斯特被可怕的病魔打败了。1933 年 9 月 25 日，他在安排好他的其他子女后，枪杀了他有智力障碍的小儿子，然后结束了自己的生命。

12 概率解释量子力学　玻尔对决爱因斯坦

话说当年的量子江湖上，各路英雄涌现，建立量子力学并推出了粒子和波动两大纲领。开始时两派人马有所对立，继而形势快速发展，约尔当和狄拉克都证明了矩阵力学和波动方程两者是等同的。所以双方学者并无太大的隔阂，大家共同努力，为量子力学谱新篇。

后来，多数物理学家基本接受了玻恩的概率解释，并形成了以玻尔为首的哥本哈根派。然而，不料科学界头号人物爱因斯坦突然站到了量子革命派的对立面，反对玻恩和玻尔的概率等不确定性观点。爱因斯坦的态度打乱了阵营，严酷的客观形势将物理学家们重新分类：支持概率解释的和反对概率解释的。

这整段历史包括了许多有趣的关键事件，值得我们更仔细地回味……

12.1　第五次索尔维会议之前

从 1925 年 7 月海森堡的一人文章，到 1926 年上半年薛定谔的波动力学文章，中间还有狄拉克 q 数的文章，总共不过短短几个月，量子力学的三套马车已经全部启动了！各派物理学家们分析形势，热烈响应，唯恐被马车甩下！他们踊跃参加学术会，争先恐后发文章，思想活跃求诠释，你追我赶紧跟上。那是量子物理学史上最高峰、最激动人心的岁月！

海森堡、薛定谔、狄拉克几位驾车人，则奔波辗转于各个大学研究所之间，受邀到处作报告，忙得不亦乐乎！

玻尔，这位量子物理革命派的掌门人，更是日夜不停地整理信息、思考问题。他的优势是有哥本哈根研究所这块风水宝地，吸引来一大批年轻人才接踵而至，为了及时地更新知识、交流思想，玻尔不停地邀请各方学者专家来访、作报告。

狄拉克于1926年9月拜访哥本哈根，逗留了6个月。但玻尔喜好物理概念的定性描述，不适应狄拉克的抽象数学。所谓的q数等，令玻尔头痛。还好那年也邀请了薛定谔，微分方程是在经典物理中就司空见惯的东西，玻尔喜欢，认为薛定谔的这种数学形式“清晰而简洁，与之前的量子力学表述形式相比，有了巨大进步”。所以，玻尔这次对薛定谔倍加关照，亲自到火车站迎接，让他住在自己家里，当作“家庭客人”。

玻尔如此看重薛定谔，当然是有他的打算的。海森堡曾经在那年夏末到慕尼黑参加薛定谔的讨论会，被人们对波动力学的热情所震撼，连夜写信给玻尔报告情况，促成了玻尔立即决定邀请薛定谔。

薛定谔于1926年10月1日到达哥本哈根，与玻尔的热烈讨论从火车站相见的第一眼就开始了。玻尔那时对量子力学已经有了基本的理解方式，包括原子模型、其中电子轨道是否存在等问题，玻尔（和海森堡）当然要急不可待地将这些新观念灌输到薛定谔的脑袋里！

薛定谔导出的方程，是电子遵循的波动方程，电子的粒子性实际上也隐藏其中，但薛定谔并未意识到这一点。他以为他的方程将电子的运动回归到了经典物理的方式，他不承认电子能量可以跳跃式地变化，以为用经典观念可以理解他的方程和理论！

但玻尔和海森堡认为，在量子的水平上，电子轨道没有任何意义，取而代之的是电子的状态在离散的量子态之间瞬时跃迁！

薛定谔的脑袋里已经塞满了太多经典观念，不是太容易任凭玻尔“灌输”！玻尔着急且不让步，从早到晚，从清晨到深夜，数度高谈阔论，一片狂轰滥炸！最后薛定谔实在招架不住，只好承认自己的阐述不够充分，薛定谔所有想兜圈子绕过这个结果的企图都被玻尔驳倒。最后连人也彻底倒下了，薛定谔得了感冒病倒在床！

玻尔让妻子照顾病中的薛定谔，端茶倒水无微不至，但一有机会仍然不忘喋喋不休地为其“洗脑”：“薛定谔，不管怎样你得承认……”薛定谔不接受哥本哈根学派采用的玻恩的概率解释,他认为波函数是实在的可观测量,反映了电子电荷的分布密度。当然,这个显得颇为幼稚的说法没人同意,包括爱因斯坦。泡利就曾经在写给玻尔的信中,刻薄地嘲笑那篇"薛定谔儿童般幼稚的论文"!

最后,薛定谔拗不过玻尔,但始终也不愿同意量子跃迁,他最后快发火了,说:"假如摆脱不了这些该死的量子跃迁的话,那么我宁可从来没有涉足过什么量子力学!"虽然两人谁也说服不了谁,大家仍然礼貌而散。薛定谔回他的慕尼黑,玻尔也感觉有些筋疲力尽,后来又与海森堡辩论不相容性原理,再后来就找空闲去挪威滑雪度假去了。

一晃就晃到了1927年,玻尔"度假"修整一段时间,对大家都有好处。海森堡趁着玻尔不在眼前,寄出了他关于"不相容性原理"的论文,后来他接受了莱比锡大学的邀请,离开了哥本哈根。玻尔经过长时间的思考,他的互补原理基本成熟,并且,他既然想通了"粒子波动"互补,当然也对海森堡的不相容原理感到豁然开朗。正好1927年9月,意大利有一个纪念伏打百年忌辰的科莫会议,玻尔就将他的并协和互补等在会上讲了一遍。可惜那个会议爱因斯坦和薛定谔都没有参加,因此风平浪静无争论。

洛伦兹是当年德高望重的物理学家,已经74岁了。从第一次索尔维会议开始,他就担任主席一职,到了1927年,他又开始积极筹办主题为"电子与光子"的第五次索尔维会议[20]。

大家都见过这次会议出席者们的照片,群贤毕至,济济一堂(图12-1)。29人中有17位诺贝尔奖得主。照片中展示了与会的人员,但令人颇感奇怪的是,也有几位与会议主题相关的科学家未被邀请,如卢瑟福和索末菲均未到会,还有参与创立矩阵力学并有极重要贡献的约尔当也没有被邀请。

到会的量子英雄们,每个人都身怀特技,带独门法宝。其中有玻尔的"氢原子模型"、玻恩的"概率"、德布罗意的"物质波"、康普顿的"效应"。此外,狄拉克有"算符",薛定谔有"方程",布拉格有"晶体"模型,海森堡和泡利有"不确定性原理"和"不相容原理",埃伦费斯特则举着一块"浸渐原理"大招牌。爱因斯坦当然绝顶风

图 12-1　第五次索尔维会议(1927 年)

光，手握两面相对论大旗，头顶“光电效应”的光环；居里夫人紧握“镭和钋”；还有洛伦兹的“变换”、普朗克的“常数”、朗之万的“原子论”、威尔逊的“云雾室”；等等[21]。

12.2　第五次索尔维会议上

这次会议的主题“电子与光子”，表明了这是一次关于量子力学的会议。

正式会议上，以两个实验报告开场：小布拉格讲 X 射线的反射强度；康普顿讲辐射实验与电磁理论之间不一致之处。近几年来，量子力学不仅仅理论有所发展，实验上也有突破：1923 年，康普顿完成了 X 射线散射实验，光的粒子性被证实；1925 年，戴维逊和革末证实了电子的波动性。

演讲之后是讨论。克拉默斯(Kramers，1894—1952)针对小布拉格的演讲介绍了他自己的工作。克拉默斯的名字过去听得少，这位来自荷兰的科学家当年可是哥本哈根的重要成员，玻尔的主要助手！居里夫人则在讨论中说康普顿效应或许在生物上会有重要应用，以及产生 X 射线的高压技术在医学治疗上能找到重要用途，等等。

两个实验报告后,紧接着是4个重磅理论报告:德布罗意的导波理论、玻恩和海森堡的矩阵力学、薛定谔的波动方程,以及玻尔的报告。

大家在会前就已经了解了玻恩的颇具颠覆性的统计解释,因此,与会人员在思想上已经分成了两大阵营:大部分年轻而喜新厌旧的"男孩"物理学家们,支持新理论和新解释;反对概率解释的爱因斯坦这边,除了他这个领头人之外,还有几个自己反对自己理论的保守派,听起来都是曾经在量子江湖开天辟地的老前辈——普朗克、德布罗意、薛定谔等。

德布罗意难以接受统计解释,但又抱着调和的心态,在索尔维会议上的演讲采取了比较缓和与含糊的说法。他设想波动方程有两个解:一个具有奇点,表示具有颗粒性的微观物质粒子;一个是连续的波动,附着在粒子上引导粒子运动。德布罗意称之为"双解理论",而把引导粒子运动的波称为"导波"(pilot wave),用这种方法来理解波粒二象性。泡利对德布罗意的导波,开始觉得新颖,后来认为整个理论都不能接受,因为它重新引入电子轨道,走回头路。

玻恩与海森堡的演讲总结和评论了创立量子力学的工作,包括矩阵力学及不确定性原理,玻恩的统计解释,也包括了狄拉克的与矩阵力学颇为类似的q数理论。

薛定谔则讲了他的波动力学与时间无关和相关的方程,以及其与矩阵力学的等价性。薛定谔认为他的波函数ψ描述物质的连续分布,其平方表示物质的密度。薛定谔如此解释波函数,连德布罗意都不接受,试想,每个电子的波包都布满了整个原子,还随着时间而变化,这是一幅什么奇怪的图像?难怪泡利要挖苦地将他的论文说成是"薛定谔儿童般幼稚的论文"。

3个演讲后也都有相应的讨论,无须赘述,因为研究内容涉及的数学理论和实验验证并无大问题,人们有分歧的是物理概念的解释。例如,狄拉克与海森堡之间关于波函数坍缩产生一点争论:狄拉克说这是"大自然的选择",海森堡认为是"观测者自己"做出选择。这涉及关于量子测量,这个问题至今还在争论不休。

会上激起物理和概念上激烈争论的,是最后玻尔的演讲。

为何最后是玻尔报告呢？最初，洛伦兹邀请爱因斯坦作报告，爱因斯坦表示可以讲量子统计，但后来他改变了想法，说自己没有全力以赴地参与量子理论的最新发展，并且也不赞成纯统计的看法，谦虚地表示没有资格作报告。爱因斯坦推荐费米或朗之万代替他讲量子统计。但到最后，费米和朗之万都没有来讲，而是玻尔愿意讲，但把题目改成了“量子假设与原子学说之新进展”，就是他 1927 年 9 月在科莫会议上讲的，是如何理解量子力学的问题。

12.3　第五次索尔维会议下

开始时，爱因斯坦一直保持沉默。到了玻恩与海森堡的演讲，爱因斯坦才发出声音，建议讨论一下电子通过狭缝投射到屏幕上的衍射。“穿过狭缝的电子可以出现在屏幕上不同的地方，按照概率解释，则同一过程将会在屏幕上多个地点引起作用”，这就意味着超距作用，违反相对论原理。

当玻尔结束了关于“互补原理”的演讲后，爱因斯坦又突然发动攻势：“很抱歉，我没有深入研究过量子力学，不过，我还是愿意谈谈一般性的看法。”然后，爱因斯坦用一个关于 α 射线粒子的例子表示了对玻尔等学者发言的质疑。不过，爱因斯坦在会上的发言都相当温和。此外，在演讲之后会上的讨论交流中，也不可能谈论很多讲题之外的东西。

爱因斯坦与玻尔的争论，基本上是在会外进行，是在正式会议结束之后几天的讨论中。那时候，火药味就要浓多了。根据海森堡的回忆，常常是在早餐的时候，爱因斯坦设想出一个巧妙的思想实验，以为可以难倒玻尔，但到了晚餐桌上，玻尔就想出了招数，一次又一次化解了爱因斯坦的攻势。当然，到最后谁也没有说服谁。海森堡在 1967 年的回忆里说道：“讨论很快就变成了一场爱因斯坦和玻尔之间的决斗，当时的原子理论在多大程度上可以看成是讨论了几十年的那些难题的最终答案呢？我们一般在旅馆用早餐时就见面了，于是爱因斯坦就描绘一个思想实验，他认为从中可以清楚地看出哥本哈根解释的内部矛盾。然后爱因斯坦、玻尔和我便一起走去会场，我就可以现场聆听这两个哲学态度迥异的人的讨论，我自己也常常在数学表达结构方面插几句话。在会议中间，尤其是会间休息的时候，我们这些年轻人——大多数是我和泡利——就试着分析爱因斯坦的实验,而在吃午饭的时候讨论又在玻尔和别的来自哥本哈根的人之间进行。一般来说,玻尔在傍晚的时候就对这些思想实验完全心中有数了,他会在晚餐时把它们分析给爱因斯坦听。爱因斯坦对这些分析提不出反驳,但在心里他是不服气的。”

埃伦费斯特也在一封信中描述过类似情景:“每晚凌晨1点,玻尔都到我房中来,直到凌晨3点,只对我说单独的一个词(one single word)。”玻尔所承受的压力和全身心的投入就可想而知。“我真高兴在玻尔与爱因斯坦交谈时能够在场。就像下棋。爱因斯坦总是有新的例子。在一定的意义上就是一种破坏不确定性关系的第二类永动机……爱因斯坦就像一个盒中的玩偶,每天早晨都精神抖擞地跳出来。”看来爱因斯坦晚上也没闲着,真够玻尔应付的。“玻尔从哲学的烟雾中不断地找出各种工具,来摧毁这一个一个的例子。”

总之,1927年布鲁塞尔的第五次索尔维会议,标志着玻爱争论的公开化,量子力学发展史上的一个转折点。这个里程碑似的时空点已深深刻在量子物理史及科学史上并将载入史册。

13

玻色因错误发现量子统计　费米被誉为理论实验通才

在介绍玻爱争论之前，我们曾经介绍过玻尔兹曼，他是统计力学大师，最后因抑郁症而自杀。玻尔兹曼研究的是经典粒子的统计行为，那么，量子力学中粒子的统计行为是怎么样的？为何与经典粒子统计规律不同呢？这段历史将再次让我们的目光返回到旧量子论的年代。

从现代物理学的观点看，量子统计的规律有两种：玻色-爱因斯坦统计和费米-狄拉克统计。在这 4 位物理学家中，爱因斯坦是人人皆知的大神，费米和狄拉克也都在诺贝尔奖的榜上有名，可这个玻色是谁呢，很多人都没听过，此外，我们尚未介绍过费米，因此，本节我们就介绍一下玻色和费米(图 13-1)。

13.1　一个概率问题

玻色的确不是那么有名，固然是受很多条件所限，他是印度人，属于第三世界国家的物理学家。不过，以他名字命名的玻色子在物理学界还是挺有名的。对玻色子统计规律的研究是玻色一生中唯一一项重要的成果。

有趣的是，玻色是因为一个"错误"而发现玻色子统计规律的。1921 年左右，在一次有关光电效应的讲课中，玻色犯了一个类似"掷两枚硬币，得到'正正'概率为 1/3"的那种错误。没想到这个错误却得出了与实验相符合的结论，也就是不可区分的全同粒子所遵循的一种统计规律。

什么叫"掷两枚硬币，'正正'概率为 1/3"的那种错误？另外，什么叫"不可区分的全同粒子"？两个粒子可区分或不可区分，会影响概率的计算吗？

(a)

(b)

图 13-1　玻色和费米

(a) 玻色,印度物理学家,因最早提出玻色-爱因斯坦统计而著名。他从小多才多艺,能说多国语言,能弹奏一种与小提琴相近的埃斯拉古琴;(b) 费米,美籍物理学家,1938 年诺贝尔物理学奖获得者,被称为现代物理学的最后一位通才,在理论和实验方面均做出重大贡献。他还是一位杰出的老师。他的学生中有 6 位获得过诺贝尔物理学奖。美国的费米国家实验室和芝加哥大学的费米研究所都以他的名字命名

我们看看在现实生活中如何计算概率。如果我们掷两枚硬币,因为每个硬币都有正反两面,所有可能的实验结果就有 4 种情况:正正、正反、反正、反反。如果我们假设每种情形发生的概率都一样,那么,得到每种情况的可能性各是 1/4。

现在,想象我们的两枚硬币变成了某种"不可区分"的两个粒子,姑且称它们为"量子硬币"吧。这种不可区分的东西完全一模一样,而且不可区分。既然不可区分,"正反"和"反正"就是完全一样的,所以,当观察两个这类粒子的状态时,所有可能发生的情形就只有"正正""反反""正反"3 种情形。

这时,如果我们仍然假设 3 种可能性中每种情形发生的概率是一样的(尽管这好像不太符合我们对于实际"硬币"的日常经验,但不要忘记,我们考虑的是某种抽象的"量子硬币"!),我们便会得出"每种情况的可能性,都是 1/3"的结论。这个例子就说明了,多个"一模一样、无法区分"的物体,与多个"可以区分"的物体,所遵循的统计规律是不一样的。

13.2 玻色的错误

纳特·玻色(Nath Bose,1894—1974)出生于印度加尔各答,他的父亲是一名铁路工程师,他是7名孩子中的长子。玻色在大学时得到几位优秀教师的赞赏和指点,但他只得了一个数学硕士学位,并未继续攻读博士学位,就直接在加尔各答大学物理系担任讲师职务,后来又到达卡大学物理系任讲师,并自学物理。如图13-2所示,是玻色和加尔各答大学的科学家们。

图13-2 玻色(后排左2)和加尔各答大学的科学家们

大约在1922年,玻色讲课时讲到光电效应和黑体辐射时的紫外灾难,他打算向学生展示理论预测的结果与实验的不合之处。那时候,新量子论(量子力学)尚未诞生,已经使用了20多年的旧量子论,不过是在经典物理的框架下,做点量子化的修补工作。至于粒子的统计行为,需要应用统计规律时,仍然是玻尔兹曼的经典统计理论。物理学家们的脑袋中,绝对没有所谓粒子"可区分"或"不可区分"的概念。每一个经典的粒子都是有轨道的、可以精确跟踪的,这就意味着,所有经典粒子都可以互相区分!

玻色也是一样,他想对学生讲清楚黑体辐射理论与实验不一致的问题。于是,他运用经典统计来推导理论公式,但是,他在推导过程中,犯了我们在上面所述的那种“错误”,简单而言,就是将丢两枚硬币时出现“正正”的概率,误认为是1/3。但是,万万没想到这个偶然的错误却得出了与实验相符合的结论。

为什么数学错误反而得到正确的物理结论?此事蹊跷。聪明的玻色立刻意识到,这也许是一个“没错的错误”!他继续深入钻研下去,研究概率1/3区别于概率1/4之本质,悟出一点道理,他写了一篇《普朗克定律与光量子假说》的论文。在该文中,玻色首次提出经典的麦克斯韦-玻尔兹曼统计规律不适合微观粒子的观点。他认为是因为海森堡不确定性原理导致变动构成的影响,需要一种全新的统计方法!

然而,没有杂志愿意发表这篇论文,因为他们都认为玻色犯了当时统计学家看来十分低级的错误。

后来,1924年,玻色突发奇想,直接将文章寄给大名鼎鼎的爱因斯坦,不料立刻得到了爱因斯坦的支持。玻色的“错误”之所以能得出正确结果,是因为光子就正是一种不可区分的、后来被统称为“玻色子”的东西。对此,爱因斯坦心中早有一些模糊的想法,如今玻色的计算正好与这些想法不谋而合。爱因斯坦将这篇论文翻译成德文,并安排将它发表在《德国物理学期刊》上面。

玻色的发现是如此重要,以至于爱因斯坦开始写一系列论文,研究他称为“玻色统计”的东西。因为爱因斯坦的贡献,如今,它被称为“玻色-爱因斯坦统计”。之后又有了超低温下得到“玻色-爱因斯坦凝聚”的理论[22]。

这可以说是一个诺贝尔奖级别的工作,遗憾的是,玻色本人像一颗划过天空闪亮一时又转瞬即逝的彗星一样,之后在科学上没有大作为,最终与诺贝尔奖无缘,1974年于80岁高龄逝于加尔各答。

13.3　全同粒子

玻色的“错误”能得出正确结果,正是因为光子是不可区分的。这种互相不可区分的一模一样的粒子在量子力学中叫作“全同粒子”。

所谓全同粒子就是质量、电荷、自旋等内在性质完全相同的粒子。在宏观世界中，可能不存在完全一模一样的东西，即使看起来一模一样，它们也是可以被区分的。因为根据经典力学，即使两个粒子全同，它们运动的轨道也不会相同。因此，我们可以追踪它们不同的轨道而区分它们。但是，在符合量子力学规律的微观世界里，粒子遵循不确定性原理，没有固定的轨道，因而无法将它们区分开来。量子力学中，有两种类型的全同粒子——玻色子和费米子，分别以玻色和费米两位物理学家之名而命名，它们分别服从两种不同的量子统计规律。

光子就是玻色子。不可区分的全同粒子算起概率来的确与经典统计方法不一样。如图 13-3(a)所示，对两个经典粒子而言，出现两个正面(HH)的概率是 1/4，而对光子这样的玻色子而言，出现两个正面(HH)的概率是 1/3[图 13-3(b)]。然后，费米子又是些什么呢？

图 13-3 “可区分”和“不可区分”粒子的统计规律不一样
(a) 可区分，HH 概率=1/4；(b) 不可区分，HH 概率=1/3；(c) 泡利不相容原理

在图 13-3(c)中，我们图示了玻色子和费米子的区别。费米子也是全同粒子，它是符合泡利不相容原理的全同粒子，如电子。因为泡利不相容原理，两个电子不能处于同样的状态。仍然以两个硬币为例，可以说明费米子的统计规律有何特别之处。两个硬币现在变成了两个“费米子硬币”。对两个费米子来说，因为它们不可能处于完全相同的状态，所以，4 种可能情形中的 HH 和 TT 状态都不成立，只留下唯一的一个可能性 HT。因此，对两个费米子系统，出现 HT 的概率是 1，出现其他状态的概率是 0。

13.4 费米的贡献

研究费米子统计规律的功劳,要归于美国籍的意大利裔物理学家费米。

以费米名字命名的物理对象很多:费米子、费米面、费米-狄拉克方程、费米-狄拉克统计、费米实验室、费米悖论等,还有100号化学元素“镄”、美国芝加哥著名的费米实验室、芝加哥大学的费米研究院等。但了解费米其人的大众却不多,这是因为费米一生处事低调,淡泊名利。图13-4所示为费米和位于美国伊利诺伊州的费米国家实验室。

图13-4 费米和位于美国伊利诺伊州的费米国家实验室

恩里克·费米(Enrico Fermi,1901—1954),美籍意大利裔著名物理学家、美国芝加哥大学物理学教授,费米首创β衰变的定量理论,设计并建造了世界上第一台可控核反应堆。费米是1938年诺贝尔物理学奖获得者,他对理论物理和实验物理均做出了重大贡献,因而被称为现代物理学的最后一位通才。

作为家中最小的孩子,童年的费米身材瘦小,不爱说话,看上去缺乏想象力,似乎不够聪明。这又一次地应验了中国人那句老话:大智若愚。费米聪明不聪明,看看他一生的成就、在物理学上的造诣就明白了。

10岁的费米就能独立理解表示圆的公式 $X^2+Y^2=R^2$,他很小就熟练地掌握了意大利语、拉丁语和希腊语。18岁时,他因为一篇《声音的特性》的论文引起了物理学权威们的关注,1929年,未满30岁的费米成为意大利最年轻的科学院院士。

作为院士的费米知名度提升,但他为人仍然十分低调。据说有一次,费米和妻子一起到一家旅馆，老板问他是不是费米院士“阁下”，费米随口回答说自己是那个院士费米的远房亲戚。

费米在30岁时成为意大利科学院院士当之无愧，因为他在25岁时，就发现了我们这里介绍的费米子遵循的量子统计。1926年，费米和狄拉克各自独立地发表了有关这一统计规律的两篇学术论文。两位科学家都很低调和谦虚，狄拉克称此项研究是费米完成的，他将其称为“费米统计”，并将对应的粒子称为“费米子”。

不同微观粒子的全同性统计行为有所不同，是来源于它们不同的自旋，以及此自旋导致的不同对称性。玻色子是自旋为整数的粒子，如光子的自旋为1。两个玻色子的波函数是交换对称的。也就是说，当两个玻色子的角色互相交换后，总的波函数不变。另一类称为费米子的粒子，自旋为半整数。例如，电子的自旋是1/2。由两个费米子构成的系统的波函数，是交换反对称的。也就是说，当两个费米子的角色互相交换后，系统总的波函数只改变符号[图13-5(a)]。

反对称的波函数与泡利不相容原理有关，所有费米子都遵循这一原理。因而，原子中的任意两个电子不能处在相同的量子态上，而是在原子中分层排列[图13-5(b)]。在这个基础上，才得到了有划时代意义的元素周期律。

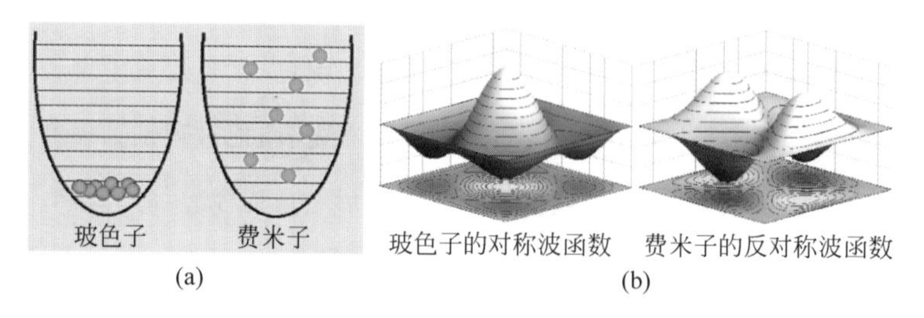

图13-5 玻色子和费米子的不同特性源于不同的自旋波函数

因为玻色子喜欢大家同居一室，大家都拼命挤到能量最低的状态。例如，光子就是一种玻色子，因此，许多光子可以处于相同的能级，所以，我们才得到了激光这种超强度的光束。总结一下：光子是玻色子，电子是费米子，原子呢？原子是复合粒子，情况要复杂一点。对复合粒子来说，如果由奇数个费米子构成，则为费米子；

由偶数个费米子构成,则为玻色子。如为玻色子的原子,在一定的条件下,降低温度到接近绝对零度,所有玻色子像是突然“凝聚”在一起,那时会产生一些平常物质中观察不到的“超流体”的有趣性质,这被称为“玻色-爱因斯坦凝聚”。通过对“玻色-爱因斯坦凝聚”的深入研究,有可能实现“原子激光”之类的前景诱人的新突破。

因此,全同粒子的玻色子或费米子行为,是量子力学最神秘的侧面之一。

正好在费米获得诺贝尔物理学奖的那一年,意大利的墨索里尼开始逮捕和迫害犹太人。因为费米的夫人是犹太人,所以费米便利用到瑞典领奖的机会,举家逃到了美国,并在哥伦比亚大学任教。

1941 年底,在爱因斯坦等人的提议下,美国政府决定启动名为“曼哈顿”的原子弹研制计划,费米成为主要的参与者之一。他指挥建造了世界上第一座“人工核反应堆”,并将它秘密转移到新墨西哥州洛斯阿拉莫斯峡谷附近,最后终于在 1945 年的 7 月 12 日制成了世界上第一颗原子弹。4 天后,这颗原子弹被成功引爆。

科研生涯的最后几年,费米还从事高能物理的研究。天妒英才,正值事业巅峰期的费米在食管癌和胃癌的双重打击下,于 1954 年 11 月 28 日逝世于芝加哥的家中,年仅 53 岁。

14

出光子盒难题难倒玻尔　用相对论反击爱因斯坦

从第五次索尔维会议到1930年的第六次，经过了3年的时间间隔，其中发生的事情也不少。首先，洛伦兹主持完有名的第五次索尔维会议之后，不幸于次年的1月中旬染上了丹毒并很快就病逝了，尽管洛伦兹的贡献大多在电磁、光学及相对论方面，但他主持的五次索尔维物理学会议，为量子力学之发展起到了树碑立传的作用！因此，我们简略介绍一下这位伟大的物理学家。

14.1　洛伦兹和朗之万

荷兰科学家H. A. 洛伦兹(H. A. Lorentz，1853—1928，图14-1)与彼得·塞曼共同获得1902年诺贝尔物理学奖。

(a)

(b)

图14-1　H. A. 洛伦兹

(a) H. A. 洛伦兹(1902年)；(b) 前排从左至右：爱丁顿、洛伦兹；后排：爱因斯坦、埃伦费斯特、德西特(1923年9月)

洛伦兹生于荷兰,祖先来自德国一个务农的家族。洛伦兹记忆力出众,很早就精通了德语、法语、英语等,读大学时,他又自学了希腊语与拉丁语。虽然洛伦兹懂得多国语言,看起来颇富语言才能,但实际上他性格羞涩腼腆,是一个不爱交际、不善言辞的人。不过,当他走上科学的道路成为教授之后,他的演讲非常受听众欢迎,因为他可以将复杂的科学问题讲解得非常清晰透彻。

洛伦兹是现代物理的先驱者。1911—1927 年,他担任了五次索尔维物理学会议的固定主席。在国际物理学界的各种集会上,因为他受同行们尊重,以及他的多种语言背景,他经常是一位很受欢迎的主持人。

洛伦兹早期对光的电磁理论进行了深入的研究,后来研究光和物质的相互作用,提出洛伦兹力等概念,在连续电磁场理论以及物质中离散电子等概念的基础上,建立了经典电子理论,应用到磁学、塞曼效应与电子的发现。

1904 年,洛伦兹发表了著名的洛伦兹变换公式,解决以太中物体运动问题,并指出光速是物体相对于以太运动速度的极限。后来,洛伦兹变换成为狭义相对论中最基本的关系式,狭义相对论的运动学结论和时空性质,如同时性的相对性、长度收缩、时间延缓、速度变换公式、相对论多普勒效应等都可以从洛伦兹变换中直接得出。

可惜洛伦兹主持完了第五次索尔维物理学会议之后不久就去世了,因此,1930 年的索尔维物理学会议主持人换成了法国物理学家保罗·朗之万(Paul Langevin,1872—1946)。(图 14-2)

朗之万生于巴黎,1905 年他看到爱因斯坦的论文后,对相对论产生了浓烈的兴趣,并和爱因斯坦结下了深挚的友谊。他形象地阐述相对论并为其大作宣传,因而有“朗之万炮弹”的美称。他的一生也极富传奇色彩:对物理学做了很多贡献、反抗纳粹统治、对中国人民的抗日活动表示声援,此外,还对中国物理学会的成立也起过积极的作用。

仔细考察一下索尔维会议的照片就会发现,从第一到第六次物理学会议的名单上,每一次都有居里夫人[23]和朗之万的名字。他们两人参加了历次索尔维会议,而他们当年的情感纠葛,轰动了整个法国社会。

图 14-2　物理学家们
从左到右：爱因斯坦、埃伦费斯特、朗之万、昂内斯、韦斯
（在莱顿朗之万家中）

朗之万是皮埃尔·居里的学生，皮埃尔在世时便与居里夫妇交往甚密。皮埃尔不幸丧命于车祸后，朗之万理所当然地协助居里夫人照顾她的两个女儿，帮助她渡过难关。朗之万比居里夫人小5岁，本人的婚姻又不尽如人意，因此，两位大物理学家之间多方面的共鸣使得彼此互生情愫也是情理中之事。不想此事正好被朗之万的妻子利用来败坏居里夫人的名声，也中断了两人的爱情。不过后来，朗之万成为居里夫人的女儿伊伦·约里奥-居里的博士指导教师，在他的指导下，伊伦与丈夫一起荣获诺贝尔物理学奖。朗之万还有另一个学生路易·德布罗意，也是诺贝尔奖得主。有关居里夫人和朗之万，还有一个有趣的尾声：两人都去世之后，居里夫人的外孙女，嫁给了朗之万的孙子。

14.2　第六次索尔维物理学会议上

这次索尔维物理学会议的主题是物质的磁性，主持人朗之万自己在这方面做出了重要的贡献。并且,关于磁性的实验技术在那段时间也得到很大的进展。

会议的第一个报告是由索末菲做的关于磁学和光谱学的报告,他在报告中特别讨论了关于角动量和磁矩的知识,通过研究原子的电子组成,得出元素周期表的解释。

第六次索尔维会议不如第五次盛大,但有34名成员应邀出席,其中也有10位诺贝尔奖获得者(图14-3)。

图14-3　1930年秋,第六次索尔维会议在布鲁塞尔召开,群龙再聚首

那次会议对磁现象的理论处理做了全面论述。费米指出,像泡利提出的对原子核的研究,将发现光谱线的超精细结构。关于物质的磁性的快速增长的实验证据的一般调查是由卡布雷拉(Cabrera)和韦斯(Weiss)在报告中给出的,韦斯等引入了与铁磁状态有关的内部磁场,讨论了铁磁材料的状态方程,包括在一定温度(例如居里点)下这类物质特性的突然变化。

费米谈到与波函数对称性有关的量子统计性质;泡利解释自旋的概念;狄拉克提出了巧妙的电子量子理论,将克莱因-戈登的相对论波动方程用一组一阶方程式所取代,并且将电子的自旋和磁矩和谐结合起来。

实验技术的最新发展为进一步研究测量自由电子的磁矩开辟了道路,科顿

(Cotton)和卡皮察报告了巧妙设计的巨大永磁体，在有限的空间内产生超强强度的磁场成为可能，作为对他们报告的补充，居里夫人特别注意在研究放射性过程中使用这种磁体。

14.3 爱因斯坦的光子盒

尽管会议的主题是磁性现象，但有趣的是，这次会议被世人牢记的不是其"磁性"这个主题，而是与主题迥异的辩论——爱因斯坦和玻尔论战的第二集。首先，早有准备的爱因斯坦在会上向玻尔提出了他的思想实验——"光子盒"。

如图 14-4 所示，实验的装置是一个一侧有一个小洞的盒子，洞口有一块挡板，里面放了一只能控制挡板开关的机械钟。小盒里装有一定数量的辐射物质。这只钟能在某一时刻将小洞打开，放出一个光子来。这样，它跑出的时间就可精确地测量出来了。同时，小盒悬挂在弹簧秤上，小盒所减少的质量，即光子的质量便可测得，然后利用质能关系 $E=mc^2$ 便可得到能量的损失。这样，时间和能量都同时测准了，由此可以说明不确定性关系是不成立的，玻尔一派的观点是不对的。

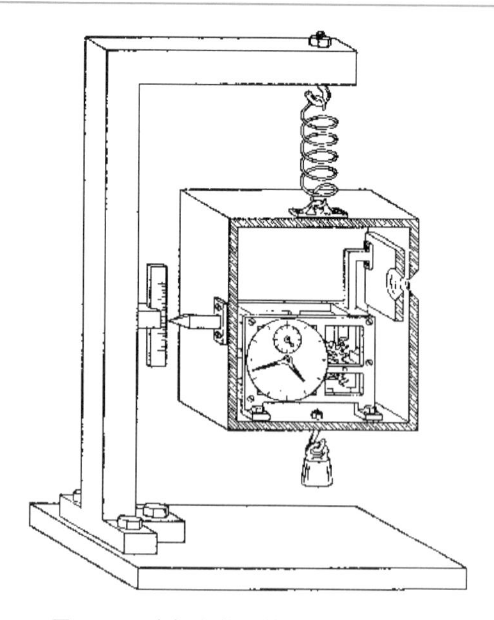

图 14-4　玻尔完善后的爱因斯坦光子盒

描述完了他的光子盒实验后，爱因斯坦看着哑口无言、搔头抓耳的玻尔，心中暗暗得意。

玻尔当时的确被爱因斯坦的挑战给惊呆了，他面色苍白，呆若木鸡。之后，罗森菲尔德有过绘形绘色的回忆：

> 玻尔有点被镇住了，他没有马上想到对策，整个晚上他看上去火气十足，一个又一个地试图说服他们，这不可能是真的，如果爱因斯坦是对的，那物理学就完了。但又无法当场做出任何反驳。我永远不会忘记这两个对头离开大学俱乐部时的情景，高大个的爱因斯坦轻迈脚步，含着讽刺的微笑，玻尔和他走在一起，大步开进……(图 14-5)。

图 14-5　玻尔(右)紧靠在爱因斯坦(左)的旁边快步走着(埃伦费斯特摄，在第六次索尔维会议上。说法不确定!)

14.4 玻尔反击

不想爱因斯坦好梦不长，只经过了一个夜晚，玻尔便也使出了“撒手锏”！第二天，玻尔居然“以其人之道，还治其人之身”，找到了一段最精彩的说辞，用爱因斯坦自己的广义相对论理论，戏剧性地指出了爱因斯坦这一思想实验的缺陷。

玻尔经历了一个不眠之夜，寻找爱因斯坦论点的缺陷，他深信缺陷肯定存在。“这种说法无异于一场严重的挑战，并引起对整个问题的彻底反思。”玻尔写道。第二天早餐时他回应了。“第二天一早迎来玻尔的凯旋，物理学得救了。”

光子跑出后，挂在弹簧秤上的小盒质量变轻即会上移，根据广义相对论，如果时钟沿重力方向发生位移，它的快慢会发生变化，这样的话，那个小盒上机械钟读出的时间就会因为这个光子的跑出而有所改变。换言之，用这种装置，如果要测定光子的能量，就不能够精确控制光子逸出的时刻。因此，玻尔居然用广义相对论理论中的红移公式，推出了能量和时间遵循的不确定性关系！

无论如何，尽管爱因斯坦当时被回击得目瞪口呆，却仍然没有被说服。不过，他自此后，不得不有所退让，承认了玻尔对量子力学的解释不存在逻辑上的缺陷。“量子论也许是自洽的”，他说，“但却至少是不完备的。”因为他认为，一个完备的物理理论应该具有确定性、实在性和局域性！

“与爱因斯坦在1930年索尔维会议重逢，”玻尔若干年后写道，“我们的争论有相当戏剧性的转折。”话虽这么说，玻尔对这第二个回合的论战始终耿耿于怀，直到1962年去世，他的工作室的黑板上还画着当年爱因斯坦那个光子盒的草图。

15 布洛赫应用量子力学　伽莫夫提出穿隧效应

尽管创立量子力学的几个理论物理学家分成了两大派，不停地争论，但其余大多数的量子物理学家们却没有闲着。他们也许暂时没考虑如何解释波函数，到底是电荷分布呢，还是概率分布？但他们（也包括玻爱辩论双方的主力）却把新量子论应用到物理的各个方面，解决一个又一个问题，并且取得了可喜的成绩。因此，本节聊聊量子力学的应用方面。

15.1　量子力学的应用

近几年"量子"这个名词突然在中国民众中热门起来，同时也造成不少误解。人们只顾宣传量子现象之神奇，玻爱争论之长久，使得有些民众心里想，"连爱因斯坦都认为不完备的理论"还会有用吗？加上媒体对量子通信、量子计算机等的不实报道、宣传及争论，更使人如坠云里雾里，以为这些远远尚未研究成型的玄乎技术，就是量子力学的应用。

量子力学的实际应用，一直伴随着其理论的发展，量子力学已经出现 100 多年，它的应用也早在 20 世纪二三十年代就开始了，并非这些年才有的新鲜玩意儿，已经早就不是最尖端的技术了。那么，量子力学有没有非它不可的应用？就是说，是否有量子力学就不可能实现的技术？

答案是肯定的，并且这种应用很多。举两个简单的例子——磁共振和激光。它们的应用范围很广，不用多列举，大家就能想出一大堆。磁共振在医学诊断上不可或缺，激光更可以说是无处不在，就这两项应用的原理而言，磁共振技术上的实现是基于"自旋"的概念，而激光的实现是基于"全同粒子"、玻色-爱因斯坦量子统计等性质。这些都是量子力学中的名词，没有量子力学，不可能有这两项基本发明以及之后发展出来的相关技术。

另一个更大更复杂的领域是半导体技术。最早发现半导体材料的特殊性质的人是法拉第，那时候还没有量子力学。但是，如果没有量子力学理论的指导，半导体技术不可能发展成现在这样越做越小的量产工程。

半导体材料是一种晶体，也就是说其中的原子呈某种周期排列。早在19世纪，法国物理学家奥古斯特·布拉菲(Auguste Bravais，1811—1863)已经于1845年得出了三维晶体原子排列的七大晶系和所有14种可能存在的点阵结构，为固体物理学做出了奠基性的贡献。

半导体技术包括许多方面，最早用实验方法探索这14种晶体结构的，是曾经出席过两次索尔维会议的布拉格和他的父亲。

15.2 布拉格父子

1915年诺贝尔物理学奖授予英国的威廉·亨利·布拉格(William Henry Bragg，1862—1942)和他的儿子威廉·劳伦斯·布拉格(William Lawrence Bragg，1890—1971)，以表彰他们用X射线对晶体结构的分析所做的贡献。图15-1为布拉格父子。

图15-1 小布拉格(左)和老布拉格(右)

晶体内部的结构如何?那时候,科学家们刚刚发现X射线,或称为“伦琴射线”。

伦琴射线可以穿透人体显示骨骼之类的轮廓,令人称羡。但当时的物理学家对其本质却还摸不透。人们需要用原子尺度的光栅来探索射线的本质,也同时探索了晶体结构!

最早做这件事情的是德国物理学家马克思·冯·劳厄(Max von Laue,1879—1960),他因此而获得1914年的诺贝尔物理学奖。后来,便是布拉格父子在这个领域共同上阵。最后,拉格父子分享了1915年的、原来传说要颁给特斯拉的诺贝尔物理学奖,这是唯一一次父子同上诺贝尔奖台领奖,被传为佳话,并且,小布拉格当时只有25岁,是迄今为止最年轻的诺贝尔物理学奖得主。

布拉格父子所做的诺贝尔奖级的贡献,看起来不难理解。如果说劳厄的工作证实了X射线是一种电磁波,布拉格父子则是用这种电磁波开创了X射线晶体结构分析学,为后人用X射线以及电子波、中子波等研究晶体结构,建立了理论基础。图15-2是布拉格反射定律的示意图。由图可见,对某个入射角θ,如果从两个距离为d的平行晶面反射的两束波之间的光程差,正好等于波长λ的整数倍时,便符合两束波互相干涉而加强的条件$2d\sin\theta=n\lambda$,另外一些角度则可能符合两束波互相干涉而相消的条件,这样,我们就能在接受屏上观察到射线衍射图像。

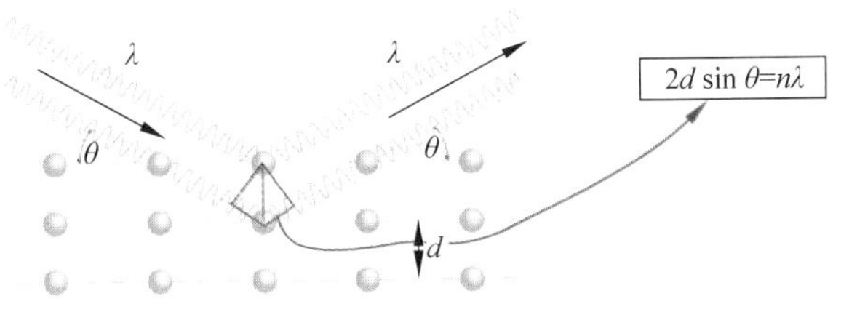

图15-2 布拉格定律

因为是父子一起获奖,小布拉格时常会被怀疑有“靠爹得奖”的嫌疑。但事实上并非如此,在关于X射线的研究中,小布拉格做出了非常重要的贡献,得奖是实至名归。劳厄在1912年发现用X射线照射晶体时，会形成格子状点阵。此时的老布拉格已对X射线研究多年，并且坚信X射线是粒子束。当他得知了劳厄的研究结果后，立即开始设计实验，想要推翻劳厄的理论。知道父亲的想法后，小布拉格也开始研究X射线。经过几个月的反复探索，小布拉格发现，父亲的理论是错的，X射线确实是一种电磁波。很快，小布拉格便完成了基于X射线是波动在晶体的原子三维矩阵中产生衍射的理论，这个理论后来被称为“布拉格定律”(Braggs law)。老布拉格在利兹大学建立了一流的X射线研究实验室，与小布拉格组成了“最佳父子拍档”，产生了一系列卓越的研究成果。

15.3 布洛赫波

小布拉格曾经出席过两次索尔维会议。除了布拉格之外，还有一位在两次索尔维会议上露过面、名为布里渊的法国物理学家，也对晶体研究做出不少贡献。布里渊最重要的贡献是在晶体倒格子空间中表示的“布里渊区”。然而，真正将量子力学概念用于晶体研究，求解晶体中薛定谔方程的，是美籍瑞士裔物理学家、1952年诺贝尔物理学奖得主费利克斯·布洛赫(Felix Bloch，1905—1983)。

布洛赫出生在瑞士苏黎世。他最初想成为一名工程师，进入了苏黎世的联邦理工学院。他在那儿选修了德拜、外尔和薛定谔等开设的课程，将兴趣转向了理论物理。薛定谔于1927年秋离开苏黎世后，布洛赫在莱比锡大学拜海森堡为师，并于1928年夏天获得博士学位，其研究方向是研究晶体中电子的量子力学并开发晶体动力学。之后他获得了各种助学金和研究金，使他有机会与泡利、克拉默斯、玻尔、费米等一起工作，并进一步研究了固态以及带电粒子的运动[24]。

希特勒上台后，布洛赫于1933年春离开德国，接受了斯坦福大学提供给他的职位，然后一直在美国生活。布洛赫是海森堡的学生。1928年，当爱因斯坦、玻尔等人正在为如何诠释量子力学而争论不休的时候，布洛赫却另辟蹊径，独自遨游在固体的晶格中。他想法求解了晶格中电子运动的薛定谔方程，并以其为基础建立了电子的能带理论。

电子在晶格中的运动本是一个多体问题，非常复杂，但布洛赫做了一些近似和简化后,得出的结论直观而简明。他研究了最简单的一维晶格的情形,然后再推广到三维。

布洛赫首先解出真空中自由电子(势场为0)的波函数及能量本征值。然后,他将影响电子运动的晶格的周期势场当作一个微扰,如此而得到晶格中电子运动薛定谔方程的近似解。

根据布洛赫的结论,晶格中电子的波函数,只不过是真空中自由电子的波函数,振幅被晶格的周期势调制后的结果(图15-3)。

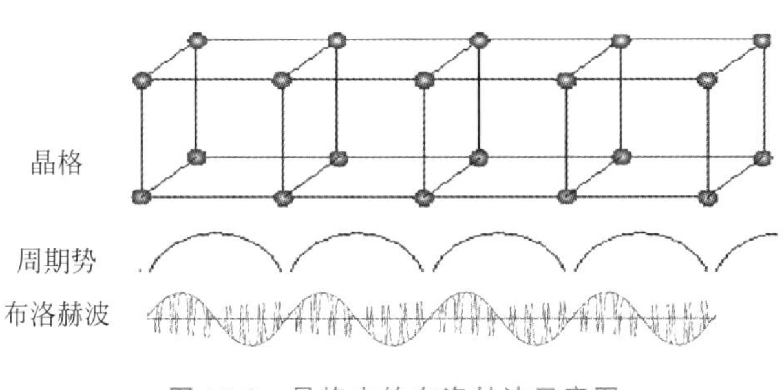

图15-3　晶格中的布洛赫波示意图

这个晶格中电子的波函数被称为布洛赫波。以布洛赫波描述的布洛赫电子之运动而建立的能带理论,是后来半导体工业及集成电路发展的基础。

15.4　伽莫夫提出穿隧效应

1927年,德国物理学家洪德首次发现,电子波包能反复穿过势阱而形成振荡。紧接着,物理学家伽莫夫于1928年提出用后来称为"量子穿隧效应"来解释原子核的α衰变问题。

乔治·伽莫夫(George Gamow,1904—1968)生于乌克兰,在苏联接受教育直到获得博士学位,师从著名宇宙学家弗里德曼。他于1928年有机会来到哥廷根大学与玻恩一起工作,并在那儿琢磨原子核的衰变问题。

卢瑟福最早发现α衰变时,从较大的原子核里面逃跑出来的α粒子是氦核,但他无法解释衰变发生的原因。伽莫夫读了卢瑟福的论文后,认为这是一种"隧道效应”，在经典力学中不可能发生，但在量子力学中就有可能。因为在量子力学中，α粒子可以一定的概率出现于空间中的任何点，包括原子核外面的点。

有人用“穿墙术”来比喻隧道效应。这个“墙”就是α粒子要逃出原子核时需要克服的巨大的吸引力形成的势垒。

势垒就像挡在愚公家门口的大山，功力不够就无法逾越。好比我们骑自行车到达了一个斜坡，如果坡度小，自行车具有的动能大于与坡度相对应的势能，不用再踩踏板就能“呼哧”一下过去了。但是，如果斜坡很高的话，自行车的动能小于坡度的势能时，车行驶到半途就会停住，不可能越过去。也就是说，在经典力学中，不可能发生“穿墙术”这种怪事，粒子不可能越过比它的能量更高的势垒。

但根据量子理论，微小世界里的α粒子没有固定的位置，是模糊的一团遵循波动理论的“波包”。波包的波函数弥漫于整个空间，粒子以一定的概率（波函数平方）出现在空间每个点，包括势垒障壁以外的点。换言之，粒子穿过势垒的概率可以从薛定谔方程解出来。也就是说，即使粒子能量小于势垒阈值的能量，一部分粒子可能被势垒反弹回去，但仍然将有一部分粒子可以一定的概率穿越过去，就好像在势垒底部存在一条隧道一样，如图15-4[25]所示。

图 15-4　经典势垒和量子隧道

隧穿效应解释了α衰变，是量子力学研究原子核的最早成就之一。它不仅解释许多物理现象，也有多项实际应用，包括电子技术中常见的隧道二极管、实验室中用于基础科学研究的扫描隧道显微镜等。

15.5 伽莫夫的多方面贡献

伽莫夫对科学有多方面的贡献,好几项都可以说达到了诺贝尔奖级别,但遗憾的是他却没有得到诺贝尔奖。

下面列举几项伽莫夫除了穿隧效应之外的贡献:

(1) 在原子核物理中始创原子核内部结构的液滴模型(1928 年)。这个模型后来由玻尔和惠勒推广,解释原子核的裂变,成为研发原子弹的基础理论。

(2) 到剑桥卢瑟福实验室访学时,与考克饶夫和沃尔顿合作。根据他的计算,那两人设计出加速器,第一次用人工加速的质子分裂原子核,打开了锂原子核。他们后来获得 1951 年诺贝尔物理学奖,在获奖感言中感谢伽莫夫所起的关键作用。

(3) 与爱德华·泰勒共同描述自旋诱发的原子核 β 衰变(1936 年)。

(4) 在恒星反应速率和元素形成方面引入"伽莫夫"因子(1938 年);建立红巨星、超新星和中子星模型(1939 年)。

(5) 1948 年发展了宇宙的"大爆炸理论"模型。

(6) 首先提出遗传密码有可能如何转录(1954 年)。

(7) 写出一系列科普著作——《物理世界奇遇记》《从一到无穷大》。

由于伽莫夫在国外的成就,苏联政府将他召回国,并破格授予年仅 28 岁的伽莫夫苏联科学院院士称号。但伽莫夫回到祖国的日子并不好过:护照被吊销,申请出国参加学术活动屡屡被拒,讲授量子力学时被党领导叫停,警告不能言及"不确定性原理"这种不符合辩证唯物主义的谬论。

最后,伽莫夫终于有一次机会,在 1933 年苏联开始肃反大清洗之前,借参加第七次索尔维会议时带妻子离开了苏联。

16
“爱神”使出 EPR 撒手锏　玻尔反驳经典哲学观

第五次和第六次索尔维会议，分别成为玻爱之争第一回合和第二回合的两个战场。1933 年，正值纳粹上台、战火纷飞的年代，尽管第七次索尔维会议按时在布鲁塞尔召开，但爱因斯坦和普朗克都未能参加。爱因斯坦因其犹太人的身份被赶出了欧洲，当时正逢他辗转迂回、忙于走访美国之际。普朗克那年已经 74 岁，作为一个德国人，对国家无条件忠诚的传统意识，经常冲击着这位正直科学家的良心。因此，经典保守派中只剩下战斗力不强的德布罗意和薛定谔出席了会议，双龙无首，两人都不想发言，这令玻尔大大松了一口气。而出席会议的其他人员中，除了居里夫人、朗之万、卢瑟福等不感兴趣两派之争的老将外，多是当初热衷量子力学的年轻人——海森堡、泡利、狄拉克、费米、克拉默斯等，如今好几位都升级坐到了第一排。因此，会议上哥本哈根派唱独角戏，似乎看起来量子论已经根基牢靠，论战尘埃落定。

16.1　爱因斯坦在普林斯顿

其实不然，爱因斯坦身在曹营心在汉，即使是漂泊到了异国他乡，即使是妻子身染重病，但他依旧在苦苦思索量子力学的问题。

爱因斯坦最得意的是他的两个相对论，最令他头疼脑热又牵肠挂肚的，却是这个量子力学。如何理解量子力学的许多结果？这是他一个难治的心病。

1933 年底，爱因斯坦成为普林斯顿高等研究院的常驻教授，他给自己招了两名助手（图 16-1），波多尔斯基与罗森。

鲍里斯·波多尔斯基(Boris Podolsky,1896—1966)是一名生于俄国的犹太人,于1911年移民美国。1928年,波多尔斯基从加州理工学院获得博士学位之后,于1930—1933年回到苏联,曾在乌克兰物理技术研究所担任理论物理主任。

纳森·罗森(Nathan Rosen,1909—1995)是出生于纽约布鲁克林的犹太人,就读于麻省理工学院,开始学习电机工程,之后转行物理获得博士学位。(罗森的妻子汉娜是一位出色的钢琴家,曾用钢琴为爱因斯坦的小提琴演奏伴奏。)

有一次,在下午3点的传统茶会中,罗森向爱因斯坦提到了他1931年做过的一个关于氢分子基态的工作,其中涉及与两个粒子相关的波函数。爱因斯坦立即得到启发,想到了他与玻尔的长期分歧,意识到可以由此设计一个思想实验,反映凸显出量子力学理论不完备的问题。当他们俩讨论问题时,波多尔斯基加入了对话,后来提议写一篇文章,爱因斯坦默许了。出于语言的原因,提交给《物理评论》的论文由波多尔斯基执笔,后来人们将其称为EPR论文,EPR是3位作者姓氏的第一个字母(图16-1)。

(a) (b) (c)

图16-1 EPR三位作者
(a) 爱因斯坦;(b) 波多尔斯基;(c) 罗森

爱因斯坦起初对波多尔斯基的能力非常欣赏。尽管对他所写的EPR论文不是十分满意,认为“不是我最初想要的那样”,但同意出版。后来,波多尔斯基同时在《纽约时报》发表了一篇有关EPR论文的预告,以某种方式暗示作者们发现了量子力学的瑕疵。爱因斯坦为此很生气，认为波多尔斯基过于夸大，他提出声明："我的一贯做法是仅在适当的论坛上讨论科学问题，我不赞成在世俗媒体中提前发布有关此类问题的任何公告。"此后，爱因斯坦不再与波多尔斯基说话。

16.2 EPR 论文

爱因斯坦并不是一个头脑僵化的老顽固，实际上，他不停地在修正他对量子力学的看法。即使是对于他最难以接受的概率解释，爱因斯坦的看法也有所改变。还在 1931 年，爱因斯坦就已经承认，当应用于多个粒子构成的统计系综时，概率解释是正确的。但是他无论如何也不同意对单个粒子行为的概率描述。

与玻尔有过前两次交锋之后，爱因斯坦不得不承认量子力学在逻辑上是自洽的，从玻尔反击的论点中，挑不出很多毛病。爱因斯坦也不得不承认量子力学是正确的，因为判定一个物理理论正确与否是看它与实验符合的程度。量子力学得到了精确的实验验证，足以说明其正确性。

但爱因斯坦总觉得量子力学有什么地方不对劲，特别是那个不确定性原理！换句话说，爱因斯坦认为，量子力学是正确的，或许也是逻辑自洽的，但是并不完备。

爱因斯坦等 3 人的文章(EPR 论文)便是要指出量子力学的不完备性，所以，文章的标题是《描述物理实在的量子力学是完备的吗？》[26]。

要证明量子力学不完备，首先需要解释"完备性"(completeness)。EPR 论文的作者认为，一个完备的物理理论必须满足一个必要条件："物理实在的每个元素都必须在理论中有它的对应物。"

这又产生了问题：什么是"物理实在"(或客观实在)？

于是，3 位作者又给出客观实在的判断标准：如果在不扰动系统的合理前提下，可以准确地预测某个物理量，这个物理量就应该在完备的理论中有它的能被准确预测的对应物。

不扰动系统的合理前提，实际上就是爱因斯坦等人经常强调的局域实在性。

3 位作者的 EPR 论文中，提到一个思想实验，之后被薛定谔命名为"量子纠缠"，这个现象与"局域实在性"有关，被爱因斯坦形容为"鬼魅般的超距作用"。

16.3　量子纠缠

就量子力学的观点而言,薛定谔是爱因斯坦最忠实的信徒。1934年,薛定谔曾经到普林斯顿大学讲学,之后校方希望聘请他,但薛定谔拒绝了,回到了奥地利。EPR论文发表后,和薛定谔经常书信往来的爱因斯坦,在1935年8月的信中提及了一个火药处于爆炸与不爆炸"叠加态"的"经典案例",后来被薛定谔发展完善后用"死活"状态叠加的"猫"来描述,此即著名的"薛定谔猫"。

薛定谔猫的例子,用以比喻量子力学中对单个粒子"叠加态"的概率解释,亦即在测量之前,微观粒子的状态是不确定的,可能的本征态以一定的概率叠加起来。

如果考虑不止一个粒子的系统,则除了本征态叠加之外,粒子和粒子之间还有互相关联,量子纠缠便用来表述这种关联。

如图16-2所示,量子纠缠中,描述了一个不稳定的大粒子衰变成两个小粒子(A和B)的情况。大粒子分裂成两个同样的小粒子。小粒子获得了动能,分别向相反的两个方向飞出去,A和B的位置和动量都保持等值反号。也就是说,两个构成量子纠缠态的粒子A和B,将会相距越来越远,越来越远……但根据守恒定律,无论相距多远,只要不与别的"第三者"相互作用,它们的速度(位置)永远相等反向。

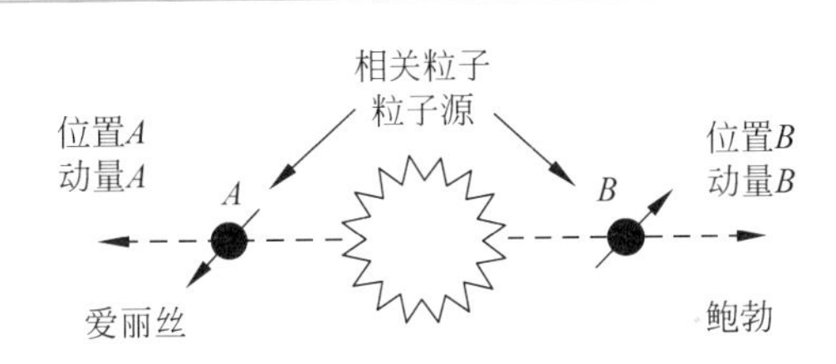

图16-2　两个粒子的量子纠缠

然后,爱因斯坦等3位作者,用这个例子指出量子力学的不完备性:

观察者爱丽丝和鲍勃分别在两边对两个粒子进行测量。例如,爱丽丝可以测量粒子A的速度(动量),她知道A的速度后,也就知道了B的速度,鲍勃无须再测量B的动量,而只需要精确地测量B的位置。这样的话,B在某一时刻的位置和动量就能够精确地被定义!这一点违背了哥本哈根派所解释的"不确定性原理",

形成了佯谬，也就是后人称为的EPR佯谬。

由上所述，位置和动量两者都是客观实在的，但量子力学却不能给出它们确定的值。因此，EPR论文的作者们便下结论说：在“局域实在性”的前提下，量子力学是不完备的。

16.4 玻尔怎么说？

EPR论文在量子力学界掀起一阵风浪，泡利要求海森堡撰写了一篇反驳的草稿但并未发表。因为玻尔已经代表哥本哈根派表态了。对爱因斯坦的第3次挑战，玻尔不敢怠慢，立即放下手中所有其他的工作，认真阅读和思考EPR作者们提出的问题。这时的玻尔已经不比前两个回合那般手脚无措，他深思熟虑之后，很快就明白了爱因斯坦的症结所在。几个月后，玻尔以同样的标题在《物理评论》发表了文章。玻尔更仔细地阐明了他的“互补性原理”，并以此出发反驳EPR论文关于物理实在性的描述。

玻尔认为EPR论文中提出的关于物理实在性的判据是站不住脚的。玻尔认为：量子现象是一种整体性的概念，测量手段会影响物理系统的波函数，只有在完成测量以后，物理现象才能称得上是一个现象。EPR论文中描述的A粒子和B粒子的双粒子纠缠态，是一个相互联系的整体，对其中任何一个粒子的测量，必定会扰动原先作为整体的另一个粒子的状态。因此，EPR的论证不能说明量子力学的不完备性[27]。

总之，EPR论证未被玻尔接受，玻尔的反驳也不能令爱因斯坦信服。在EPR的“经典实在观”看来，量子力学是不完备的，而在玻尔的“量子实在观”看来，量子力学是非常完备和自洽的。这次论战将对量子力学的看法上升到哲学的层面，最后只能各自保留不同的观点，因为那是两人的哲学基础完全不同而造成的。哲学观的不同是根深蒂固、难以改变的。爱因斯坦最后被自己提出的量子纠缠所纠缠。即使在之后的二三十年中，玻尔的理论占了上风，量子论如日中天，它的各个分支高速发展，给人类社会带来了伟大的技术革命，爱因斯坦仍然固执地坚持他的经典信念，反对哥本哈根派对量子论的诠释。

第四篇

实验、哲学、数学

爱因斯坦与玻尔的争论，有深厚的哲学含义。不过，贝尔用了一个不等式，将其转换回到物理领域，成为一个用实验可以检验的物理问题。随着20世纪下半叶高科技的飞速发展，实验技术也大大改进，便有许多实验物理学家进行验证贝尔不等式的工作。无论如何，量子力学中迥然不同于经典世界的奇妙现象，启发人们思考了许多哲学问题。对此，数学家们也不甘示弱地参与进来。数学和物理本来就是同源的兄弟，联系十分紧密。在量子力学的发展过程中，是伟大的数学家冯·诺依曼在1932年的工作，将量子力学进行严谨的公式化，为量子力学奠定了重要的数学基础[28]。本部分我们就简单介绍一下贝尔不等式导出之后，各方人士在这方面所做的工作。

17
玻姆思考隐变量　贝尔导出不等式

爱因斯坦的EPR佯谬可算是当年对量子物理最致命的一击。不过，被玻尔反驳，并上升为两派的哲学分歧之后，大多数物理学家便不想继续纠缠于如何理解量子力学的问题，而是“闭上嘴做计算”，在第二次世界大战前后，量子物理在理论、实验及应用方面，都取得了可观的成就。理论方面，有费曼、狄拉克、戴森等人建立的量子电动力学，被费曼誉为“物理学的瑰宝”，因为它为相关的物理量(如电子磁矩及氢原子能级跃迁)提供了非常精确的预测值。量子电动力学之后发展为量子场论、结合非阿贝尔的规范场理论之后，又建立了标准模型、大统一理论、弦论、超弦理论等，使物理走上统一的道路[29]。另外，在量子物理及能带理论的基础上，固体物理、半导体物理蓬勃发展，肖克利、布拉顿、巴丁等成功地制造出晶体管和集成电路，在当代电子技术中大放异彩，为人类文明做出了有目共睹的巨大贡献。之后，巴丁、朗道、安德森等学者开创的凝聚态物理，至今方兴未艾，成为物理学中最大、最具吸引力的分支[30]。

总是有那么一部分理论物理学家，放不下量子力学的基础概念问题。因此，除了哥本哈根诠释之外，后来又有了系综诠释、多世界诠释等。本节中简单介绍一下玻姆的隐变量诠释，以及之后引发的贝尔的著名工作。

17.1　隐变量理论

玻姆的隐变量理论，也是一种量子力学诠释，亦称因果性诠释、存在性诠释等。因为最早源于德布罗意的导波理论，所以也被称为德布罗意-玻姆理论。

在1927年的第五次索尔维会议上，德布罗意自然是站在爱因斯坦一边，并且针对玻恩的概率诠释，他提出了导航波理论，即认为粒子具有确定的空间轨迹，将连续的波函数解释为附着在粒子上引导粒子运动的导航波。但泡利在会上指出，导航波理论无法解释非弹性散射，德布罗意也不再争辩。此后，导航波理论渐渐被物理学界遗忘，直到20世纪50年代初，在玻姆的隐变量理论下又让它复活。

戴维·玻姆(David Bohm，1917—1992)是在美国出生的犹太人，读博士时师从罗伯特·奥本海默(Robert Oppenheimer，1904—1967)。奥本海默后来在第二次世界大战时领导洛斯阿拉莫斯实验室，参与曼哈顿计划，最后造出原子弹，因而被称为“原子弹之父”。玻姆也参与曼哈顿计划，但后来(1949—1950年)受麦卡锡主义的迫害，被迫离开美国，连护照也被吊销。因此，出生于美国的玻姆，最后任职于伦敦大学伯克贝克学院，算是英籍物理学家。

玻姆在加州大学伯克利分校读博士学位时，开始迷恋量子力学的理论，1947年，玻姆经奥本海默举荐到普林斯顿大学任助理教授时，写了一部《量子理论》的书，并将他的书分别寄给了爱因斯坦、玻尔和泡利。玻姆的书完全是基于哥本哈根诠释，泡利回信赞扬他写得好，但却没有得到玻尔的答复，也许是因为战乱时期的原因。玻姆在书中用自旋系统重新表述了EPR实验，并且也提到了量子力学的非局域性，因此受到了爱因斯坦的高度评价。

当年的玻姆30岁，正雄心勃勃，爱因斯坦已将近70岁，但两人都住在普林斯顿，便经常有交谈的机会。玻姆接受了爱因斯坦对量子力学的观点，也认为量子世界的不确定性只是表面现象，一定有更深层的使不确定性变为确定的未知因素。因此，玻姆决心要对主流正统观点提出挑战，试图找到一种能完善量子理论的决定论方法，让量子力学回归经典。从那时候开始，虽然玻姆后来被迫离开美国，流落他乡，但探寻隐变量理论成了他一生的研究方向。后来，玻姆放弃了“隐变量”一词，把他的解释称为本体论或量子势因果解释。

1952年，玻姆改进德布罗意的导航波想法，建成了一个既具有经典牛顿力学确定性而其行为又符合量子力学预测的隐变量模型。

玻姆将德布罗意的导航波发展成了“量子势”的概念，认为微观粒子运动过程中仍然有一条经典的、位置和动量都能同时确定的“轨道”。但轨道不能被看见，是因为粒子的位置及动量是被隐藏起来了的隐变量。

玻姆的量子力学因果解释的核心思想涉及两类变量：一类是有连续径迹的粒子变量；另一类是遵从薛定谔演化方程的波函数。量子力学中的薛定谔方程是与经典物理的哈密顿量相对应的，玻姆将薛定谔方程分成两个方程，一个解出粒子的经典轨迹，但这个轨道看不见，因为它被另外一个由“量子势”决定的波动方程的解所掩盖。量子势是一切量子效应的唯一缘由。

现在看来，比之概率诠释，玻姆理论有一个优越性，就是不需要波函数坍缩这个过程。量子势是一种非区域性的信息场，它综合了整个宇宙中所有对这个电子的可能影响，从而使这个电子的行为具有确定性。粒子的运动行为被量子势引导，就像雷达波指引轮船的航行一样。

因为玻姆的隐变量解释仍然承认薛定谔方程，只是稍微改动了一点，所以可以重现量子力学得到的所有实验结果，它只是在诠释上与概率解释不一样而已。也正是因为这个原因，这个理论不受到重视，两方都不讨好，哥本哈根派认为它没有新东西，爱因斯坦则认为玻姆的解决方案是“廉价的”，况且他也不喜欢玻姆提出的非局域性的“量子势”。

不过，仍然有一个人喜欢玻姆的隐变量理论，那就是英国物理学家约翰·贝尔(John Bell，1928—1990)。

17.2　贝尔不等式

本书中我们经常提到思想实验，诸如薛定谔的猫，爱因斯坦的光子盒以及后来的 EPR 佯谬。理论物理学家们热衷思想实验，是因为物理理论终究必须用实验来验证。然而，思想实验和真正在实验室里能够实现的实验，仍然有很大的差别。有些思想实验根本无法实现，有些需要从当时的实验条件加以改造。

英国物理学家约翰·贝尔多年供职于欧洲高能物理中心，做加速器设计工程有关的工作。但他对量子理论颇感兴趣，业余时间经常思考有关问题。

从玻尔和爱因斯坦的争执我们看到，双方争执的关键问题是：爱因斯坦这边坚持的是一般人都具备的经典常识，认为量子纠缠的随机性是表面现象，背后可能藏有“隐变量”，而玻尔一方更执着于微观世界的观测结果，认为这些结果并不支持隐变量理论，微观规律的本质是随机的。

贝尔基本是支持爱因斯坦一派的，也感兴趣于玻姆的隐变量。试图用实验来证明隐变量的存在。那么，一般而言，什么是隐变量呢？具体涉及EPR论文中两个纠缠粒子时，可以以双胞胎为例来解释。人们经常发现一对同卵双胞胎之间有许多不可思议的互相协同，似乎有一种超距的心灵感应在起作用，当我们研究了他们的基因后，许多谜团就迎刃而解了。他们之间超常的关联性并不是来自超距作用，而是由他们的基因决定的！基因就是隐变量。这样的话，EPR佯谬中那一对纠缠着的粒子，它们的行为互相关联的原因，也可能得追溯到它们出生的时候，可能是因为在它们出生时，就带着指挥它们今后的行动的指令，也就是它们的“基因”，或隐变量。

不过，要找出量子纠缠态背后的隐变量可不是那么容易的。微观世界中的粒子，不像复杂的生物体，生物体还有大量的组织、结构、基因可以研究。什么电子、中子、质子，看似简单却不简单，都是些捉摸不透的家伙，还有那个抓不住、摸不着、虚幻缥缈、转瞬即逝的光子。这些微观粒子，没有“结构”可言，隐变量能藏在哪里呢？

尽管不能明确地指出隐变量是什么，但也有可能研究一下，如果存在隐变量，它们将会如何影响一对纠缠粒子被爱丽丝和鲍勃分别测量的结果？

谈到量子力学理论时，将微观粒子描述成一个一个的，但一般而言，在实际测量中，一个量子力学系统的特性，表现在实验测量的统计数据中。

贝尔便是沿着这条概率统计的思路想下去的。比如，假设隐变量λ存在，我们虽然不知道这λ是什么，但是，既然这隐变量能影响粒子的行为，那么，粒子的某个可观测量，比如电子的自旋，就总应该和λ有一定的关系，应该是这个λ的函数的统计平均值。

最后，贝尔推导出了一个不等式，后来人们称之为贝尔不等式[31]。也就是说，如果一个系统存在隐变量，它的统计测量结果就应该符合这个不等式，否则就不存在隐变量。

贝尔不等式可写成如下形式：

$$|P_{xz}-P_{zy}|\leqslant 1+P_{xy}$$

不等式中的 P，是(x,y,z) 3 个测量方向中两个之间的相关函数，我们举一个日常经典统计的例子来说明相关函数和贝尔不等式。

有人调查养老院老年人的身体状况，具体来说，了解哪些人高血压，哪些人高血糖，哪些人高血脂。调查结果可以用图 17-1 来描述。

图 17-1 中的 A、B、C 3 个圆圈内的部分分别表示高血压、高血糖、高血脂的老人的集合。这 3 个圆圈有一定的部分重叠在一起，将整个分布空间分成 8 个区域，分别对应于这 3 种“高”与“低”的 8 种组合[图 17-1(a)]。

图 17-1(b)列出了 3 个关联函数 P_1、P_2、P_3，实际上还有很多别的关联函数，写下这 3 个是为了说明图 17-1(b)的贝尔不等式。例如，P_1 的意思是高血压但不高血糖的人，描述了“高血压”和“不高血糖”的关联。当然，也许这两个现象在医学的意义上可能没有多少关联，这里只不过是定义了一个可测量(调查)的函数而已。类似地，P_2 是高血糖但不高血脂的人，P_3 是高血压但不高血脂的人。

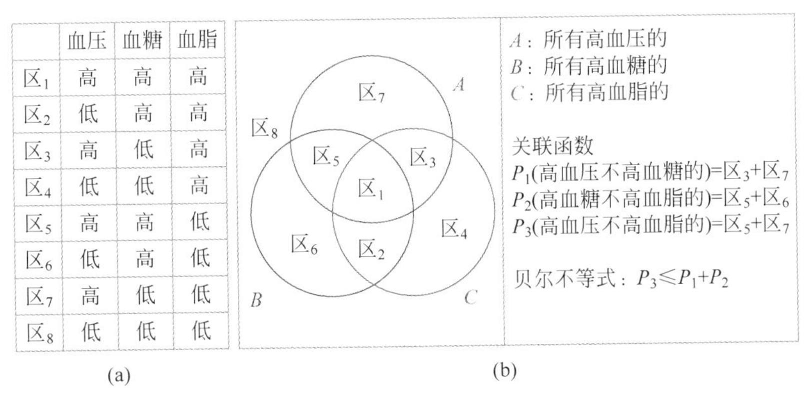

	血压	血糖	血脂
区$_1$	高	高	高
区$_2$	低	高	高
区$_3$	高	低	高
区$_4$	低	低	高
区$_5$	高	高	低
区$_6$	低	高	低
区$_7$	高	低	低
区$_8$	低	低	低

图 17-1　调查统计的例子

图中的贝尔不等式很容易用数学图像来验证，因为 P_1 等于区$_3$＋区$_7$，P_2 等于区$_5$＋区$_6$，它们的和（记为 P_{12}）等于（区$_3$、区$_7$、区$_5$、区$_6$）4 个区域面积相加，而 P_3 等于区$_5$ 加上区$_7$，只是 P_{12} 的一部分，当然要小于 P_{12}。

图 17-1(b)中的不等式与前面所写的原始的贝尔不等式稍有不同，这是因为具体研究的对象不一样，实际上，贝尔不等式有多种不同的形式。广义而言，“贝尔不等式”一词可以指隐变量理论所满足的许多不等式中的任何一个。当有隐变量存在时，类似于刚才经典统计例子所描述的，关联函数都会符合贝尔不等式。刚才我们用图像的方法证明了上面的例子符合贝尔不等式，在现实生活中，还可以用统计方法来验证贝尔不等式。我们可以调查养老院老人的“三高”中每种情况的人数，然后再计算以上所定义的关联函数，就可以验证贝尔不等式是否成立。

在量子力学的实验中，我们可以定义与上述例子类似的、有可能在实验室里测量的关联函数，便可以检查测量结果是否符合贝尔不等式，作为被观测系统是否存在隐变量的判据。

换言之，如果隐变量存在，测量结果便应该符合贝尔不等式；反之，如果测量结果违背贝尔不等式，说明系统中不存在隐变量。

总结一下贝尔不等式的意义：贝尔是从局域隐变量的假设出发，使用经典统计规律得到这个不等式的。因此，如果系统中存在隐变量，测量 3 个相关概率的结果，便会符合不等式；如果结果违背了不等式，便说明系统中不存在局域隐变量。用于量子纠缠系统，便可以决定隐变量是否存在。因此，贝尔不等式将爱因斯坦等提出的 EPR 佯谬中的思想实验，推进到真实可行的物理实验；将玻尔和爱因斯坦原来那种带点哲学味道的辩论转变为实验结果的定量判定。贝尔于 1990 年 62 岁时，因脑出血而意外去世，遗憾的是，贝尔并不知道，那年他被提名为诺贝尔物理学奖。贝尔的原意是支持爱因斯坦，找出量子系统中的隐变量，但由他的不等式而导致的实验结果却是适得其反，这点让贝尔很纠结，因此，他直到去世前还在研究如何修正正统的测量理论和波函数坍缩理论。

18 费曼是物理顽童　惠勒为一代宗师

18.1 费曼和惠勒

理查德·费曼(Richard Feynman ,1918—1988),恐怕是近年来在科学界之外最广为人知的美国物理学家。他对物理学及科技界有多方面的贡献,包括提出量子计算机的设想,以及用简单的物理方法为一次航天事故“破案”等。

费曼于1918年生于纽约一个犹太人家庭。他后来被公众知晓是因为他那几本颇为精彩的、描写他自己人生趣事的自传性小册子《别闹了,费曼先生》和《你干吗在乎别人怎么想》等。不同于一般人眼中理论物理学家的严谨刻板形象,费曼是个充满传奇故事的科学顽童[32],是智慧超凡的科学鬼才!他是物理学家,也是邦戈鼓手;是开保险箱的专家,又是一位卖掉过自己绘画作品的业余画家!

中学毕业后,费曼进入波士顿的麻省理工学院读本科,再后来到普林斯顿大学读博士,师从约翰·惠勒(John Wheeler,1911—2008)。惠勒是本节中我们要介绍的另一位著名的量子人物,是出生于佛罗里达州的美国理论物理学家,量子及广义相对论领域的重要学者和宗师。

惠勒21岁时慕名去哥本哈根投奔到玻尔旗下,后来回到美国成为普林斯顿大学教授时,又与在普林斯顿高等研究院的爱因斯坦有密切交往和合作。因此,他十分了解玻尔与爱因斯坦有关量子力学的辩论,也激发了自己对量子物理的极大兴趣。

费曼对量子物理的最大贡献当属他的从经典最小作用量原理,延拓应用到量子力学和量子场论的“路径积分表达”。这个想法从他在惠勒指导下撰写博士论文开始，后因第二次世界大战而中断，到1948年才最后完成。

在量子力学建立初期，可以基本上认为它有两套纲领：海森堡等人的矩阵力学和薛定谔的波动力学。但实际上它们在数学上是完全等价的，仅仅从表面上看似乎分别偏向于粒子能级跃迁的解释和波动解释。之后，狄拉克将波动方程扩大到能够处理相对论粒子和自旋，使得量子力学应用起来更为完善并且开启了量子场论的发展。

费曼将最小作用量原理应用到量子力学，提出费曼路径积分的概念，这是对量子论一种完全崭新的理解，并且也开辟了一条从量子通往经典的途径。

高中时代的费曼第一次听他的老师巴德给他讲到最小作用量原理[33]，便为它的新颖和美妙所震撼。这种感受一直潜藏在费曼脑海深处，之后转化成一支“神来之笔”，使他在量子理论中勾画出路径积分以及费曼图这种天才的神思妙想。

作为一个大学本科生，费曼在麻省理工学院了解到量子电动力学面临着无穷大的困难。费曼立下雄心大志：首先要解决经典电动力学的发散困难，然后将它量子化，从而获得一个令人满意的量子电动力学理论。费曼凭直觉把这个无穷大的原因归结为两点：一是因为电子不能自己对自己产生作用；二是来源于场的无穷多个自由度。当费曼来达普林斯顿大学成为约翰·惠勒的学生之后，他将自己的想法告诉惠勒。惠勒比费曼大7岁，是玻尔和爱因斯坦两位名师手下的高徒，他对物理学的理解显然比当时的费曼更胜一筹。惠勒当即指出费曼想法中几个错误所在，但也保留了这个年轻人想法中的某些精华部分。在惠勒的指导和帮助下，费曼兴致勃勃地开始了他的博士研究课题。不久之后，两人首先合作解决了经典电动力学中的无穷大问题。

费曼因为对量子电动力学的杰出贡献，被授予1965年的诺贝尔物理学奖。惠勒虽然未得诺贝尔奖，但绝对是物理学界的领袖级人物，被誉为哥本哈根学派的“最后一位大师”。

18.2 费曼路径积分

费曼始终没有忘记中学时听到最小作用量原理时给他带来的震撼，总想将其引入量子力学，但屡试屡败毫无进展。不想在一次酒店聚会(大约是第二次世界大战时期)上，偶遇一个到普林斯顿访问的欧洲学者，费曼问他是否知道有谁在量子力学中引进过作用量的概念？那位学者说："有啊，狄拉克就做过！"

这时，费曼才知道狄拉克在1933年(距当时好几年前)的一篇文章中就已经做过类似的工作。于是，费曼迫不及待地去图书馆找来了那篇文章，理解并发展了狄拉克的想法，几年来的冥思苦想终于在狄拉克文章的启发下得到了答案。之后，在此基础上，费曼进而提出了与最小作用量原理相关的量子力学路径积分法。

什么叫"路径积分"呢？我们可以分别从牛顿力学中粒子走过的路径，以及光波的行进路径两个方面来理解。

在经典力学中，粒子的运动遵循牛顿运动定律。由牛顿运动方程解出来的是粒子的空间位置随着时间而变化的一条曲线。例如，考虑按照一定的速度和角度发射出去的子弹的轨迹，是一条从发射源到目标的一条抛物线，如图18-1所示的红色实线。

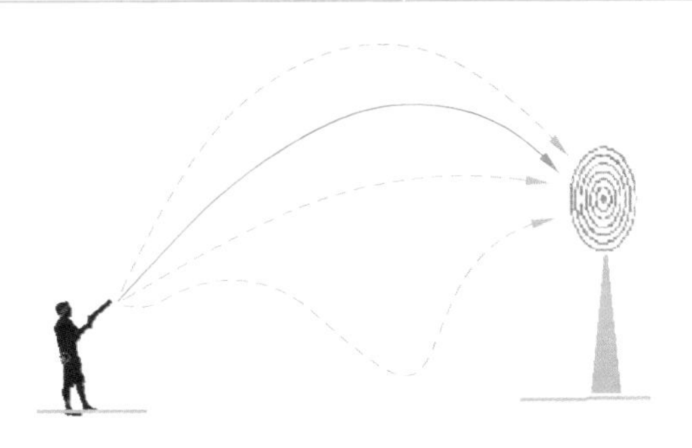

图18-1　牛顿力学决定的经典路径

从图18-1中可以看到，从发射源到目标点可以有很多条路径。为什么子弹就单单挑了这一条路来走呢？这个问题问得奇怪，不是有牛顿定律吗？是啊，粒子路径，那条红实线，是在地球重力场中牛顿方程的解。不过，我们也可以用最小作用量原理来理解：每条路径都对应于一个称为"作用量"的数值，而红色路径对应的是作用量最小的那条路径。

以上是从粒子运动的观点来理解：不同路径中的经典轨道对应于作用量最小的那条轨道。下面再考察一下光波的情况。

如果从几何光学来考虑，有点类似于经典粒子的情况，如图 18-2(a)所示，几何光学中的最小作用量原理就是费马原理，即光线只走光程最短的路径(均匀介质中的直线)。

然而，光的波动理论，由惠更斯原理[图 18-2(b)]来解释。惠更斯将行进中的波阵面上任一点都看作一个新的次波源，这些次波源发出的所有次波下一时刻所形成的包络面，就是原波面在一定时间内所传播到的新波面。换言之，如果从路径的观点，可以说，从光源到接收点的每条路径都有贡献，接收处的光强是所有路径贡献之叠加。

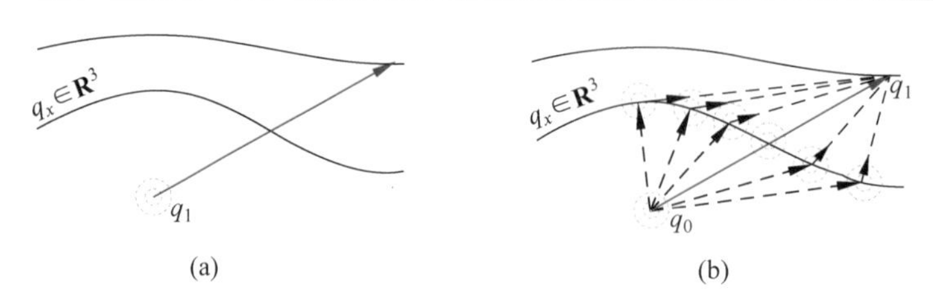

图 18-2　几何光学和波动光学

(a) 几何光学：直线传播只有一条路径；(b) 波动光学：惠更斯原理所有路径贡献的叠加
注：从点 q_0 到点 q_1 通过可能的中间点 $q_x \in \mathbf{R}^3$ 的所有可能路径的计算代表了路径积分的核心。粉色圆圈表示惠更斯波的辐射。

现在我们回到量子力学的情况。量子力学中的粒子既是粒子又是波，所以具有上述粒子与波的共同特点。量子力学中概率波的传播方式基本上与图 18-2(b)的解释类似。

所以现在，我们有了 3 种方法来描述量子力学：除了薛定谔的微分方程、海森堡的矩阵力学之外，又有了费曼的方法！这 3 种表述都能得到同样的波函数。

后来，费曼企图将这个做法应用到狄拉克的相对论性量子理论时，碰到了困难。再后来，费曼参加到原子弹研究的曼哈顿计划中，无暇顾及这个理论问题。不过他在 1942 年以此思想为基础完成了他的博士论文《量子力学中的最小作用原理》。第二次世界大战之后，费曼受聘于康奈尔大学，继续他对量子理论问题的探讨。几年之后，费曼在他的博士论文的基础之上，完善了作用量量子化的路径积分方法。他于1948年在《现代物理评论》上发表的《非相对论量子力学的空一时描写》便是其划时代的代表作。几乎同时，费曼也成功地解决了量子电动力学中的重整化问题，创造出了著名的费曼图和费曼规则，用以方便快捷地近似计算粒子和光子相互作用问题。

约翰·惠勒是笔者20世纪80年代在奥斯汀大学读博士学位时的老师，他曾经对笔者描述过一段故事：惠勒十分欣赏费曼的路径积分方法，大约是1948年，他将费曼的论文交给爱因斯坦看，并对爱因斯坦说："这个工作不错，对吧？现在，你该相信量子论的正确性了吧！"爱因斯坦并未直接对费曼文章发表看法，而是沉思了好一会儿，脸色有些灰暗，怏怏不快地说："也许我有些什么地方弄错了。不过，我仍旧不相信老头子(上帝)会掷骰子！"

尽管费曼的路径积分思想完全不同于矩阵和波动力学，但它并未改变概率概念，只是改变了计算概率的方法。因此，费曼对量子力学的观点，是基本属于统计解释一派，只不过，他不是用解微分方程的方法，而是用(路径)积分的方法来计算概率而已。

微分方程是局域的，积分的方法是整体的。这是看问题的两个不同角度，费曼的路径积分使我们从另一个角度来理解量子力学。

如图18-3所示，根据路径积分法，从一个时空点(A，t_A)到另一个时空点(B，t_B)的概率幅，来自所有可能路径的贡献，每一条路径的贡献的幅度一样，只有相位不同，而其相位则与经典作用量有关，等于($S/\hbar$)。

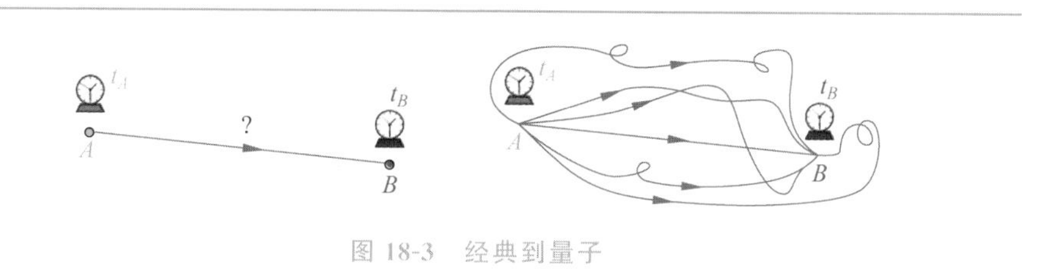

图18-3 经典到量子

这里$\hbar$是约化普朗克常数。因此，$\hbar$正好具有作用量的量纲，可以把它看作是作用量的量子，而$S/\hbar$表明了对应于每条路径的作用量S的量子化。换言之，路径的作用量子的数目决定了该路径对概率幅的贡献。

更为奇妙的是，路径积分在经典物理和量子物理之间架起了一座桥梁。对宏观尺度来说，作用量子$\hbar$是个很小的量，因此，对每条路线，S都比$\hbar$大很多，对该路线的邻近路径而言，相位的变化非常巨大而使这些路径贡献的概率幅相互叠加、互相抵消。但有一条路径附近的概率幅不会完全抵消，那就是与这条路径邻近的、相位变化不大的、基本相同的那条路径，也就是作用量S的变分为0的路径。实际上，那就是经典粒子的路径！如此一来，量子现象就过渡到了经典的运动轨迹，表明了量子力学路径积分与经典力学中最小作用量原理之间有更深一层的关系。

18.3 双缝实验

费曼不仅对科学做出贡献，而且十分重视物理学在大众中的普及。他的讲课视频如今仍然被视为经典，他的著作《费曼物理学讲义》是最容易被理解的专业作品。他在“杨氏光学实验”的基础上，推崇电子双缝实验，认为这个实验所展示的现象，是量子力学所特有的，包含了量子力学的深层奥秘，不能以古典方式予以解释。2002年，《物理世界》杂志评出十大经典物理实验，“杨氏双缝实验用于电子”名列第一名[34]。

远早于量子力学之前就有了杨氏双缝实验，它用干涉效应证明了光的波动性。用电子束代替光波，来做双缝实验，也能得到干涉图像，图18-4是电子双缝实验的示意图，图18-5是电子波在各种情形下的干涉条纹。

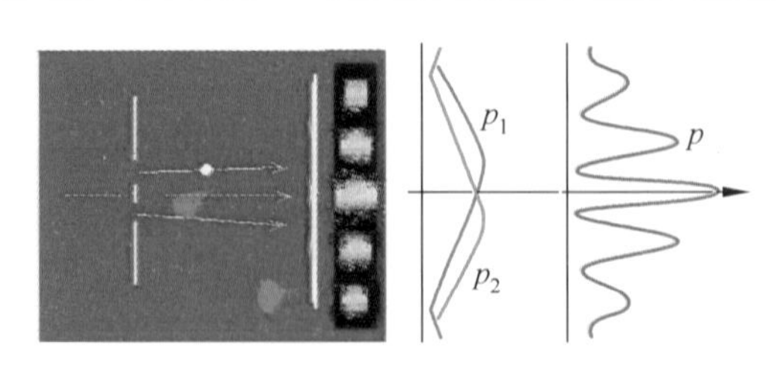

图18-4　电子双缝实验的示意图

我们可以模仿子弹发射的情形，用电子枪将电子一个一个地朝着狭缝发射出去(图 18-4)。

实验观察结果也显示，电子的确是像子弹那样，一个一个到达屏幕的，如图 18-5 所示，对应于到达屏幕的每个电子，屏幕上出现一个亮点。随着发射的电子数目的增加，亮点越来越多，越来越多……当亮点多到不容易区分的时候，接收屏上显示出了确定的干涉图案。这是怎么一回事呢？这干涉从何而来？从电子双缝实验，我们会得出一个貌似荒谬的结论：一个电子同时通过了两条狭缝，然后，自己和自己发生了干涉！

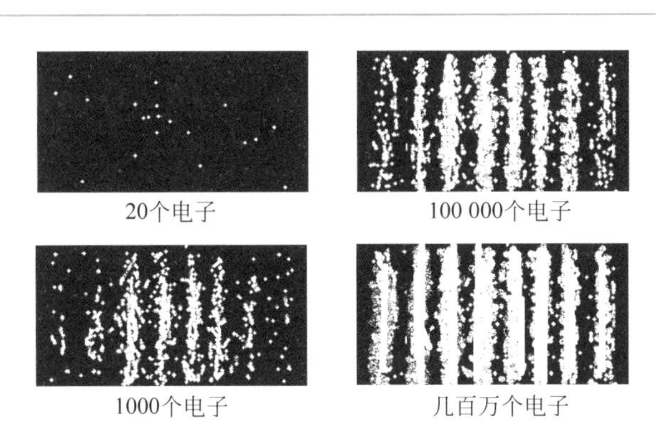

图 18-5　电子波在各种情形下的干涉示意图

因此，双缝实验的结果表明：电子的行为既不等同于经典粒子也不等同于经典波动，它和光一样，既是粒子又是波，兼有粒子和波动的双重特性，这就是波粒二象性。电子和光，都具有波粒二象性，既是粒子又是波，这正是量子力学所描述的微观世界的秘密。

18.4　惠勒的延迟选择实验

第二次世界大战期间，惠勒、费曼和玻尔都参与到曼哈顿计划中。他们研究过原子核裂变液滴模型，解决了反应堆的设计和控制等问题。惠勒在爱因斯坦逝世后，成为世界范围内相对论领域的带头人。惠勒重视人才培养，学生众多。除了费曼之外，还有黑洞热力学奠基人之一的雅各布·贝肯斯坦，2017 年诺贝尔物理学奖的得主之一基普·索恩(Kip Thorne)等，都是他的优秀学生中的典型例子。

惠勒在晚年时，经常思考量子力学中的哲学问题，并构想思想实验。1979年，为纪念爱因斯坦100周年诞辰，在普林斯顿召开了一场讨论会，会上惠勒提出了"延迟选择实验"的构想。

延迟选择实验实际上是电子双缝实验的变种。电子双缝干涉实验已经很奇怪，"光子延迟选择实验"就更奇妙了。

首先，我们再继续介绍一下电子双缝干涉实验的奇怪之处。

哥本哈根派的主流诠释认为，观测会影响测量结果。物理学家们不是随便说出这句话的，他们不会幼稚到真的认为"月亮只有当你看它的时候它才存在"。之所以有"观测者效应"之说，是他们从量子物理实验中得出的虽然"百思不得其解"但却千真万确的结论。

双缝电子干涉实验中，就出现了这种奇怪的现象。首先，在实验中，即使电子被电子枪一个一个地发射出来，穿过双缝，再打到屏幕上，也会出现干涉条纹，如图18-6(a)所示。干涉条纹的出现似乎表示电子同时穿过两条狭缝。这一点，在当年困惑着物理学家，一个电子是不可分的，怎么又会分两路走呢？于是，有人就想，在两个缝隙边上，安上两个粒子探测器吧，探测一下，哪些电子走这条缝？哪些电子走那条缝？是否真有电子同时走了两条缝？从这些探测数据，就有可能明白干涉条纹是如何形成的了。然而，这样做的结果，不但没有消除疑惑，反而更加深了疑惑。测试中，两个粒子探测器从来没有同时响过！这说明电子并没有同时过两个狭缝。但是人们发现，当他们在两边(或者是一边)放上探测器之后，屏幕上的干涉条纹立刻就消失了，如图18-6(b)所示。物理学家们反复改进、多次重复他们的实验，只感到越来越奇怪：无论他们使用什么先进测量方法，一旦想要观察电子的行为，干涉条纹便消失。实验给出经典的结果，和用子弹来实验的图像一模一样！这不就是意味着"电子在双缝处的行为无法被观测，一经观测便改变了它的行为"吗？也就是说，电子好像有某种"先知先觉"，当我们没有去测试它们之前，电子充分表现它的波动性，很高兴地同时穿过两条缝并发生干涉，一旦我们打开粒子探测器，想观察（看看）它们的详细行为时，嘿嘿，它们却换了个模样，不再是“波动”，而只让你看到它“粒子”的一面！

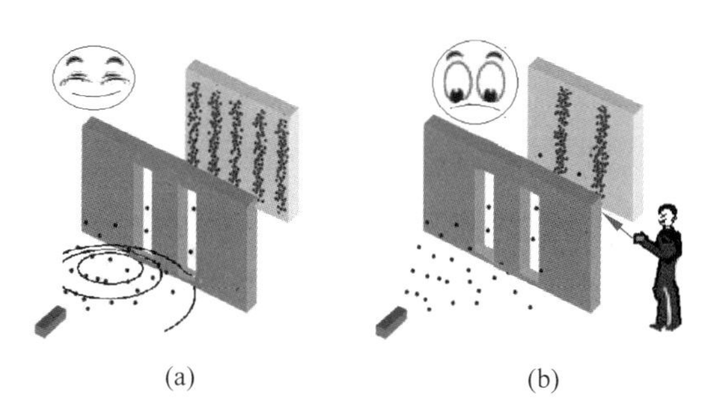

图 18-6　观测影响电子双缝实验的结果

（a）不观测有干涉条纹；（b）观测使条纹消失

物理学家们给这种“观测影响量子行为”的现象，取了一个古怪的名字，叫作“波函数坍缩”。就是说，量子叠加态一经测量，就按照一定的概率，坍缩到一个固定的本征态，回到经典世界。而在没有被测量之前，粒子则是处于“既是此，又是彼”的混合叠加不确定状态。具体到双缝实验，只要不在缝边测量，那么，每个电子都走两条路，自己和自己发生“干涉”！测量则使得波函数坍缩，迫使电子只选一条道。或者说，电子有变身术：“看”到有探测器，就决定自己是粒子，没见探测器，便决定自己是波。

波函数坍缩的说法正确吗？又为什么会发生波函数坍缩呢？这些问题至今也没有彻底解决，好在量子实验的技术越来越高超，物理学家们便在实验上下功夫：理论家提出一个一个的思想实验，实验者则想法实现。下面便介绍惠勒的延迟选择实验。

实验如图 18-7 所示，按如下方式进行：从光源发出一光子（意味着一个一个地发射），让其通过一个半透镜 1，光子被反射与透射的概率各为 50%。如果被反射，就将来到反射镜 A（A 路）；如果被透射，则走向反射镜 B（B 路）。也就是说，光子在半透镜 1 处面临着两条道路的选择，走向 A，或走向 B。不过，无论走哪条路，最后都将汇聚于点 C。在 C 点附近放置着两个探测器 D_1 和 D_2，分别接受 A 路和 B 路来的光子。

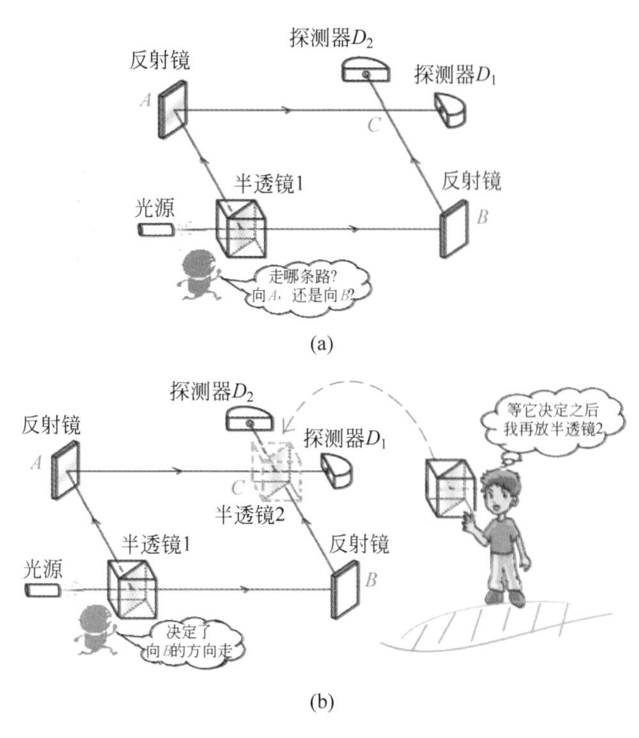

图 18-7　延迟选择实验

(a) 只有一个半透镜 1；(b) 插进半透镜 2

在图 18-7(a)的情形下，汇聚在 C 点的两条路过来的光子互不相干，因为它们的行进方向不相同。如果对一个单光子而言，不会发生干涉，只能被 D_1 和 D_2 中的一个探测器接受，这时候的光子行为表现的只是它的“粒子性”，探测器中不产生干涉条纹。

现在，我们在 C 点放置另外一个半透镜 2，使得到达 C 的光子有 50％的概率被反射、50％的概率被透射，这种情况下，到达每个探测器的光都可能来自两条路：直达的以及被半透镜 2 反射的，这两路光线间发生干涉现象，在探测器产生了干涉条纹，光子表现出了它的“波动性”。因此，光子到底是粒子还是波，是由是否放置了半透镜2决定的。也就是说，光子来到半透镜1的时候，似乎知道在位置C的地方是否放置了半透镜2，并且做出选择：如果没有放，它就把自己打扮成“粒子”；如果放上了，它就把自己打扮成“波”。

于是，惠勒提出了一个十分巧妙的想法：实验者人为地延迟在C点放置半透镜2的时间。例如，等到光子已经通过了半透镜1，快要到达终点C之时，才将半透镜2放上去，即“延迟”之后再“选择”[35]。

这样看起来，观察者现在的行为(放或不放半透镜2)，似乎可以决定过去发生的事情(光子在半透镜1处所做的决定：将自己打扮成粒子或波)。

哥本哈根学派如何解释这种违背传统观念的古怪现象呢？他们认为，不能将观察仪器与观察对象分开来讨论，尽管实验中的两种情况只有最后部分不同，但这局部的变化使得整个物理过程发生了改变，这两种情况其实是两个完全不同的实验。根据哥本哈根的解释，没有必要去详细探究光子(或电子)未被测量时的情形，那是无意义的。

正如惠勒引用玻尔的话说，“任何一种基本量子现象只在其被记录之后才是一种现象”，我们是在光子上路之前还是途中来做出决定，这在量子实验中是没有区别的。历史不是确定和实在的，除非它已经被记录下来。更精确地说，探求光子在通过半透镜1到我们插入半透镜2这之间到底在哪里，是个什么东西？粒子还是波？是一些无意义的问题！

在惠勒的构想提出5年后，马里兰大学的卡洛尔·O.阿雷(Carroll O. Alley)和其同事实现了延迟选择实验。

惠勒还想象过在宇宙中天体的尺度上，利用中间星系对遥远恒星的引力透镜作用来实现延迟选择实验，如图18-8所示。

惠勒也为此提出了一个具体的实验装置，将望远镜分别对准恒星所成的左右两个虚像，利用光导纤维调整光子间的光程差，形成干涉。

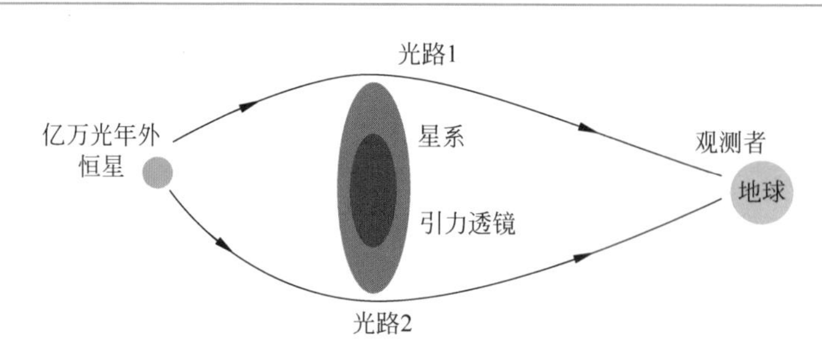

图 18-8　宇宙尺度上的延迟选择实验

延迟选择实验凸显了量子力学与经典物理在实在性、因果问题上的深刻分歧。物理学家们如何解释呢？大多数人不予解释，大师们仍然是各执己见，因为这归根结底还是量子力学诠释的问题。玻尔、惠勒等代表的哥本哈根学派的基本说法可归纳如下：

> 不能将观察仪器与观察对象分开来讨论，放上半透镜 2 与不放半透镜 2 的两种情况，从经典观点看起来，只是光子行进过程中的最后部分不同，但这其实已经是两个完全不同的实验。玻尔曾说："事实上，在粒子路径上再加任何一件仪器，例如一面镜子，都可能意味着一些新的干涉效应，它们将本质地影响关于最后记录结果的预言。"

按照经典物理学的还原论，物质还原成分子、原子等，直到基本粒子。而物理过程也都可以分解成更小的部分。在延迟选择实验中，光子按照时间顺序通过半透镜 1、A（或 B）、C，还原成几个不同的时段（部分）。从经典观点看，既然 C 之前的观察仪器部分是完全相同的，光子在那些部分的行为也应该是完全相同的。这是得到"因果颠倒"荒谬结论的分析基础。但是，根据量子理论，却不能这样说。量子理论认为这是两个不同的实验。在每个实验中，都要把光子的全部行程当作一个整体来看待。不能认为两个实验中每个时段在不同的整体中会具有相同的行为。

此外，微观世界中的因果关系是否应该与其在宏观中的表现不一样？也是至今无定论的问题。

18.5　惠勒的量子烟雾龙

约翰·惠勒是笔者的老师，因此忍不住在此为他多写一笔，重温当年的片刻回忆（图 18-9）。

图 18-9　惠勒（1984 年笔者摄于奥斯汀）

1980 年，笔者来到美国奥斯汀，便知道并记住了惠勒的大名，因为笔者的专业是广义相对论，惠勒使笔者联想到了他那本又大又厚的砖头书《引力》，1200 多页，是相对论人士的“圣经”，笔者把它从中国带到美国，死沉死沉的。

笔者与惠勒的交往源自两个方面：一是因为他是笔者的博士论文指导小组成员之一，笔者的博士指导教授西西尔做的是数学物理，更偏于数学，因此，物理方面笔者便多请教于惠勒；二是因为他对中国，特别是对改革开放后的中国的浓厚兴趣。笔者和物理系的其他中国学生，曾经于 1983 年对他做过一次专访，并写了一篇专访报道，登载在当年留学生创办的第一份刊物《留美通讯》和国内杂志上。

访谈中，惠勒谈到玻尔当年的哥本哈根研究所时，说：“……早期的玻尔研究所，楼房大小不及一家私人住宅，人员通常只有三五个，但玻尔却不愧是当时物理学界的先驱，在量子理论方面叱咤风云。在那儿，各种思想的新颖和活跃，在古今的研究中是罕见的。尤其是每天早晨的讨论会，既有发人深思的真知灼见，也有贻笑大方的狂想谬误；既有严谨的学术报告，也有热烈的自由争论。然而，所谓地位的显赫、名人的威权、家长的说教、门户的偏见，在那斗室之中，却没有任何立足之处。”“没有矛盾和佯谬，就不可能有科学的进步。绚丽斑斓的思想火花往往闪现在两个同时并存的矛盾的碰撞切磋之中。因此，我们教学生、学科学，就得让学生有‘危机感’，学生才觉得有用武之地。否则，学生只看见物理学是一座完美无缺的大厦，问题却没有了，还研究什么呢？从这个意义上来说，不是老师教学生，而是学生‘教’老师。”对于这些言语，笔者至今仍然回味无穷。

1981 年夏天，惠勒受邀来中国科学院、中国科技大学等地访问和讲学，笔者有幸和他一起合作准备了报告讲稿。其内容就是基于他提出延迟选择实验的论文：《没有规律的规律》(*Law without Law*)。后来，此讲稿由方励之编，1982 年出版，取名为《物理学和质朴性》(图 18-10)[36]。

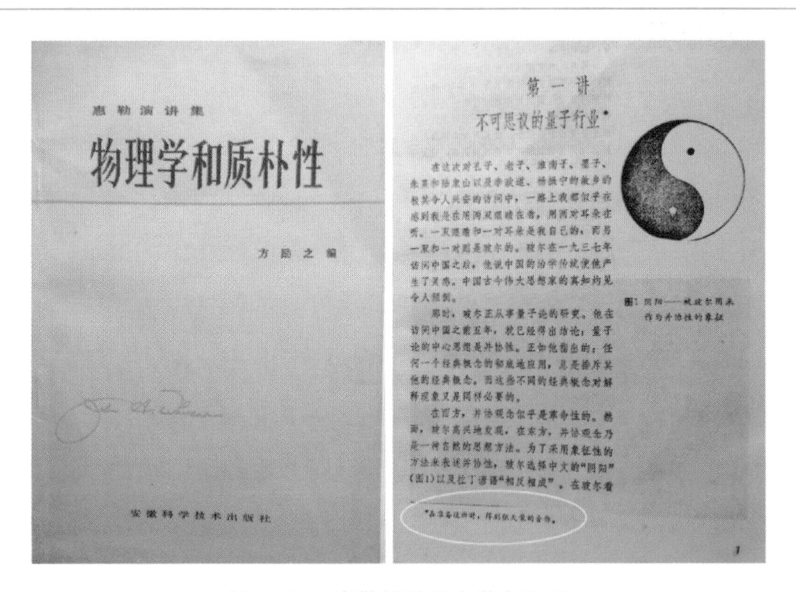
惠勒演讲集

物理学和质朴性

方励之 编

安徽科学技术出版社

第一讲

不可思议的量子行业*

在这次对孔子、老子、淮南子、墨子、朱熹和陆象山以及李政道、杨振宁的故乡的极其令人兴奋的访问中，一路上我都似乎在感到我是在用两双眼睛在看，用两对耳朵在听。一双眼睛和一对耳朵是我自己的，而另一双和一对则是玻尔的。玻尔在一九三七年访问中国之后，他说中国的治学传统使他产生了灵感。中国古今伟大思想家的真知灼见令人倾倒。

那时，玻尔正从事量子论的研究。他在访问中国之前五年，就已经得出结论：量子论的中心思想是并协性。正如他指出的：任何一个经典概念的彻底地应用，总是排斥其他的经典概念。而这些不同的经典概念对解释现象又是同样必要的。

在西方，并协观念似乎是革命性的。然而，玻尔高兴地发现，在东方，并协观念乃是一种自然的思想方法。为了采用象征性的方法来表述并协性，玻尔选择中文的“阴阳”(图1)以及拉丁语语“相反相成”。在玻尔看

图1 阴阳——被玻尔用来作为并协性的象征

*在准备这讲时，得到[illegible]的合作。

1

图 18-10　惠勒的量子力学小册子

当年的惠勒已近 70 岁，听学术报告常坐第一排，往往突然来一句一针见血的话语。有一次有人就何时探测到引力波而提问，他便冒出一句“快了！”笔者记忆犹新。

惠勒的量子观与玻尔的一脉相承，人们称他为“哥本哈根学派的最后一位大师”。不可否认，这方面也深深影响了笔者的量子理论观。他曾经将量子力学中最本质的不确定性比作一头“烟雾缠绕的巨龙”(great smoky dragon)，如图 18-11 所示。

图 18-11 惠勒的雾龙

人们可以看到巨龙的尾巴，它是微观粒子产生之处，也可以在实验中观测巨龙的头，因为测量产生波函数坍缩，使微观量子态坍缩为可观测的“经典本征态”。但是巨龙的身体却是云遮雾绕，人们可能永远也不知道这些烟雾中隐藏的秘密，只能用各种诠释来解释它。

电子不受外部干扰时，就像散布在空间里的“雾状”体，运动状态则是如同“波”一样推进，当通过双缝时便产生自干涉。惠勒的龙图也可以用费曼路径积分观点来理解：龙的头和尾巴对应于测量的两个点，在这两点测量的数值是确定的。根据量子力学的路径积分解释，两点之间的关联可以用它们之间的所有路径贡献的总和来计算。因为要考虑所有的路径，因此，龙的身体就将是糊里糊涂的一片。

19 鬼魅作用量子纠缠　实验验证贝尔定理

爱因斯坦在EPR佯谬中，曾经讥讽量子纠缠为鬼魅般的超距作用。如今，量子纠缠的概念已经提出80多年了，当年的两位伟人也均已作古。但是，几十年来的实验证明，这种纠缠态的确存在。与此相关的研究不仅引领人们去探索物理学的深层奥秘，也为后来科学技术的发展提供了天才的思路和启迪。量子纠缠和量子物理原理在信息科学中的应用催生了量子信息科学，成为近年来最活跃的研究前沿之一。

惠勒是提出验证光子纠缠态实验的第一人。1948年他指出，由正负电子对湮灭后所生成的一对光子应该具有两个不同的偏振方向。不久后，1949年，吴健雄和萨科诺夫成功地实现了这个实验，证实了惠勒的思想，生成了历史上第一对相反方向极化纠缠的光子。

现代实验技术和精度的提高，为实现各种环境下的量子纠缠提供了条件，也成就了贝尔不等式的实验验证。

19.1　量子纠缠神秘处

量子纠缠所描述的，是两个电子量子态之间的高度关联，在前文介绍EPR论文时曾经提到，现在再深入介绍一下。

例如，如果对两个相互纠缠的粒子分别测量其自旋，其中一个得到结果为“上”，则另外一个粒子的自旋必定为“下”，假若其中一个得到结果为“下”，则另外一个粒子的自旋必定为“上”。以上的规律说起来并不是什么奇怪之事，有人用一个简单的经典例子来比喻：那不就像是将一双手套分装到两个盒子中吗？一只留在 A 处，另一只拿到 B 处，如果看到 A 处手套是右手的，就能够知道 B 处的手套一定是左手的；反之亦然。无论 A、B 两地相隔多远，即使分离到两个星球，这个规律都不会改变的。

奇怪的是什么呢？如果是真正的手套，打开 A 盒子看，是右手，合上再打开，仍然是右手，任何时候打开 A 盒都看见右手，不会改变。但如果盒子里装的不是手套而是电子的话，你将不会总看（观察）到一个固定的自旋值，而是有可能“上”，也有可能“下”，没有一个确定数值，上下皆有可能，只是以一定的概率被看（测量）到。因为测量之前的电子，是处于“上下”叠加的状态，即类似“薛定谔猫”的那种“死活”叠加态。测量之前，状态不确定，测量之后，方知“上”或“下”。量子纠缠的诡异之处是：测量之前，我们“人类”观测者不能预料测量结果，但远在天边的 B 电子却似乎总能预先“感知”A 电子被测量的结果，并且鬼魅般地、相应地将自己的自旋态调整到与 A 电子相反的状态。换言之，两个电子相距再远，都似乎能“心灵感应”，做到状态同步，这是怎么一回事呢？况且，如果将 A、B 电子的同步解释成它们之间能互通消息的话，这消息传递的速度也太快了，已经大大超过光速，这样违背了局域性原理，不也就违反了相对论吗？

如何来解释量子纠缠？涉及对波函数的理解、对量子力学的诠释等问题。似乎没有一种说法能解释所有的实验、能满足所有的人，这也是爱因斯坦不满意量子力学之处。

在这个问题上，玻爱之争辩论双方的观点，基本集中在“局域性”上，也就是说，可以用是否认为有“局域隐变量”（以下简称“隐变量”）存在来分界。玻尔一派否认隐变量的存在，认为随机性是自然的本质。量子纠缠现象，就好比是上帝同时掷出了两个纠缠着的骰子。

如图 19-1 所示，量子纠缠的一对电子，犹如上帝掷出两个骰子。但这两个骰子不是独立的，而是互相关联，例如，它们朝上那一面的数值总是相同的。骰子 A 是 5，骰子 B 也是 5；A 是 3，B 也是 3……如果爱丽丝和鲍勃在一定的时刻，分别测量两个骰子的数值，他们会发现，如果只看自己测量的结果，得到的数值完全是随机的，但是，当他们将对方的测量结果放在一起比较，就会发现奇怪的现象：两人同时测量的结果是一模一样的。即使他们已经互相分离很远，测量的结果仍然是惊人的一致！

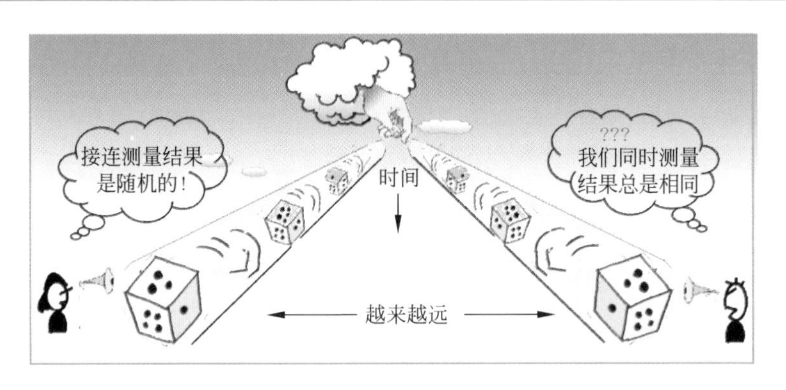

图 19-1　量子纠缠和两个骰子

爱因斯坦坚持他的经典哲学观，认为世界的本质绝非随机，自然规律表现的随机性，是深层的隐变量在作怪。如图 19-1 所示的两个貌似随机的"骰子"，实际上也许是两个基因一模一样的同卵双生子！如果两人没有被外界干扰，只是因速度方向相反而远离的话，他们的行为完全被他们的基因预先决定好了，所以出现惊人的一致。在这儿，基因就是隐变量，找出了与某行为相关、双方相同的基因，就可以解释一切，包括个人表现的随机性，以及两人的一致性，都能解释清楚！

这些隐藏于比微观世界更深层的隐变量到底存在不存在？是否有某种实验方法来判断呢？这就是前面介绍过的贝尔的工作。

贝尔 1964 年发表他的论文时，爱因斯坦已去世多年，玻尔也在 1962 年跟随而去。因此，当年的物理界并没有很多人关注此事。大多数物理学家已经深感量子力学的正确性。他们忙碌于量子力学精确的计算，也将此理论用于解决诸如能带理论等应用方面的种种问题。至于"局域不局域"之类的哲学疑难，多数人想：量子现象与经典规律的确大相径庭，犹如天上地下。世纪之争可以画上句号了，爱因斯坦的上帝和玻尔的上帝各司其职，不必打架，大家和平共处，自得其乐，也没有必要再用实验验证什么贝尔不等式。况且，纠缠态的实验也太困难，在实验室里要维持每一对粒子的纠缠态，谈何容易！实验室中得到的量子纠缠态是非常脆弱的，当原子被冷却到接近绝对零度的环境下时，得到的纠缠态也只能维持千分之几秒的数量级而已。

19.2　实验检验贝尔不等式

不过，先驱者总是有的。20 世纪 70 年代早期，一个年轻人向吴健雄请教她在 20 多年前，和萨科诺夫第一次观察到纠缠光子对的情况，那是在正负电子湮灭时产生的一对高能光子。

这位年轻人名叫克劳瑟，出生于加利福尼亚的物理世家，克劳瑟从小就听家人们在一起探讨争论深奥的物理问题，后来，他进了加州理工大学，受到费曼的影响，开始思考量子力学基本理论中的关键问题，他把一些想法和费曼讨论，并告诉费曼说，他决定要用实验来测试贝尔不等式和 EPR 佯谬。克劳瑟坚信做实验的必要性，不能轻信任何漂亮的理论！

然而，当时的费曼觉得实验验证贝尔不等式是异想天开，据克劳瑟自己后来半开玩笑地描述当时费曼的激烈反应："费曼把我从他的办公室里扔了出去！"

克劳瑟坚持他的想法，后来，在 1972 年，克劳瑟及其合作者弗里德曼在加州理工大学伯克利分校完成实验，打响了验证贝尔定理的第一炮。实验结果违背贝尔不等式，证明了量子力学的正确性。他们的结果吸引了众多实验物理学家们的注意，对他们实验方法的非议也就源源不断而来。专家们认为他们的实验存在一些漏洞，所以结果并不具有说服力！

1982 年，巴黎第十一大学的阿兰・阿斯派克特等人，在贝尔本人的帮助下，改进了克劳瑟和弗里德曼的贝尔定理实验，成功地堵住了部分主要漏洞。他们的实验结果也是违反贝尔不等式，证明了量子力学的非局域性。

1998 年，安东・蔡林格等人在奥地利因斯布鲁克大学完成贝尔定理实验，据说彻底排除了定域性漏洞，实验结果具有决定性。

2000 年，潘建伟等人进行 3 个粒子的贝尔实验。

2001年，罗维(Rowe)等人的实验，第一次关闭了检测漏洞。美国国家标准与技术研究所的戴维·怀恩兰(David Wineland)等人的实验，关闭了检测漏洞，检测效率超过90%。

…………

用实验验证贝尔不等式，其根本目的就是要验证量子系统中是否存在隐变量，也就是说，量子力学到底是定域的还是非定域的。从贝尔不等式提出，到克劳瑟等人的第一次实验，再到现在，已经数十年过去了。世界各国众多的科学家们，在实验室里已经进行过许多类型的贝尔实验。人们在光子、原子、离子、超导比特、固态量子比特等许多系统中都验证了贝尔不等式，所有的这些贝尔测试实验都支持量子理论，判定定域实在论失败。为什么进行了如此多的实验呢？因为需要克服量子实验的多重困难，此外，还需要封闭实验中可能产生的所有"漏洞"。

19.3 堵塞实验漏洞

在物理实验中，可能存在影响实验结果有效性的设置问题。这些问题通常被称为"漏洞"。

贝尔实验中的技术性漏洞，主要有3种：局域性漏洞、侦测漏洞、自由意志选择漏洞。

1) 局域性漏洞

什么叫局域性漏洞？换句话说就是在测量时，两个纠缠光子(粒子)的距离太近时可能产生的漏洞。贝尔测试的目的本来就是为了判定量子纠缠系统中是否存在隐变量(基因)，两个纠缠粒子的关联到底是因为它们的基因相同而产生的，还是它们之间确实有非局域的超距作用而产生的。

举一个通俗比喻说明局域性漏洞。例如，有两个女孩声称她们是同卵双胞胎，我们不知真假，想要用一些问题来测试她们。爱丽丝和鲍勃分别在两个测试台发出考卷，向她们提出许多问题，如果她们对这些问题的答案有一定比例(如高于80%)是一致的，便认可她们是同卵双胞胎，否则便得出否定的结论。那么，在这样的测试下我们需要堵塞的主要"漏洞"是什么呢？就是要防止两个女孩互通消息

“作弊”，当然也不能有出题目的人参与其中共同作弊。

如果两个测试台放在一间房子里，相距也不远，那两女孩就容易作弊了，她们可以用一种考官不懂的语言，或者使眼神、打手势、用暗号等方法来互通消息。这样的话，她们的作弊行为将影响我们对她们是否为“同卵双胞胎”的判定，因为我们不知道她们回答问题时答案的一致性到底是因为她们有相同的基因还是因为她们互通情报所致。换言之，我们的测试方法有与她们所在的区域有关的“漏洞”，此漏洞称之为局域性漏洞。

如何关闭这类漏洞呢？我们可以将两个测试台分离得远远的，或者放在两个房间，或者放在两栋大楼里，让她们难以互通消息。此外，两位考官爱丽丝和鲍勃可以尽量晚一些拿出考题，让她们来不及作弊。

从物理学的角度来看，她们之间的消息传递不可能快过光速 c。如果她们的距离是 D 的话，信号传递的时间不可能小于 $t=D/c$。因此，如果考官给予她们答题交卷的时间小于 t 的话，她们就是有天大的本事也作不了弊了！这就在理论上完全关闭了“局域性漏洞”。

这也就是约翰·贝尔当年对阿斯派克特实验的建议。

贝尔说，如果你预先就将实验安排好了，两个偏振片的角度调好了等在那儿，然后，你从容不迫慢吞吞地开始实验：用激光器激发出纠缠光子对，飞向两边早就设定了方向的检偏镜，两个光子分别在两边被检测到。在这整个过程中，光子不是完全有足够的时间互通消息吗？即使我们不知道它们是采取何种方法传递消息的，但总存在作弊的可能性吧。

所以，我们要延迟“出题”的时间，不能预先设定两个检偏镜的角度，而是将这个角度的决定延迟到两个光子已经从纠缠源飞出，快要最后到达检偏镜的那一刻。阿斯派克特便是在克劳瑟等人实验的基础上，再多加了一道闸门，排除了纠缠光子间交换信号的可能性。

2）侦测漏洞

贝尔测试实验中的大多数使用纠缠光子对。而“检测效率”的问题是光学实验中最普遍的漏洞。

在20世纪80年代，限于单光子计数技术，光子检测器的效率对贝尔测试而言并不足够高。也就是说，光源发射出的若干纠缠光子对中，只有一部分被检测器探测到。上面例子中的双胞胎，不是两人都能来到爱丽丝和鲍勃的测试台面前的。人太多，真假双胞胎们，大家争先恐后地都想争着去被测试，也许姐妹中一人被挤丢了，也许挤来挤去使得两人面试的时间相差太久了，完全谈不上“同时”，等等，这种种因素都会影响统计测试的结果。

因此，许多实验物理学家选择电子或其他离子来进行贝尔不等式的测试，尽管仍然不能完全关闭所有漏洞，但所有结果都一致地再一次站在量子力学这一边，否定了爱因斯坦的隐变量假设。

近年来，单光子计数技术大有进展，更加强有力地关闭了检测效率漏洞。

光学中还有“公平采样”的问题。即产生纠缠光子对的激光光源的本地随机数发生器，产生的随机系列不一定是真正随机的。为了克服这个问题，有科学家提出使用“宇宙设置发生器”来作为控制激光发射的随机数产生器，即采用来自遥远恒星的星光来保证随机性。例如，有实验团队对两颗恒星发出的光的颜色进行观察，一颗恒星距离600光年远，另一颗恒星距离1900光年外。他们通过观察恒星发出的光是蓝色还是红色来作为控制发射纠缠光子对的随机源，以避免使用本地随机源时可能存在的潜在隐变量的影响。

3）自由意志选择漏洞

贝尔实验的改进方式多种多样，有些想法近乎匪夷所思。除了上面提到的利用来自宇宙的星光之外，有人还设计并实施了一个10万人参与的“大贝尔实验”[37]。

在介绍贝尔不等式时我们曾经说过，两端的实验者（爱丽丝和鲍勃）可以自由随机选择测量光子对时所用的光轴方向不同的偏振片（侦测器）。但在真实的实验设计中，并没有爱丽丝和鲍勃，机器（随机数产生器）取代了他们。因此，在实验室的贝尔测量中，除了光源发射纠缠对时使用随机产生器之外，两个测试端，在选择不同偏振片的时候,也得使用随机数产生器。

如此设计产生出一种所谓的“自由意志选择漏洞”。意思是说,选择不同侦测器使用的随机序列,有可能与光源的随机性相关,就好比爱丽丝和鲍勃的选择并不真正是人能够做到的“自由意志”,而是隐藏着与光源的关联在内。这是一种漏洞,会影响测量的结果。

为了找到与光源完全不相干的随机数产生源,2016 年 11 月,来自全球的几个研究团队设计并参与了“大贝尔实验”,据说召集了 10 万名志愿者,在 12 小时内,通过一个网络游戏 the BIG Bell Quest,每秒钟产生 1000 比特数据,总共产生了 97 347 490 个随机的比特数据(0、1 序列),供给物理学家们做贝尔测量时使用。这实际上也是贝尔曾经提出过的建议:可以用人的自由选择来保证实验装置的不可预测性。但是当时的技术条件做不到,现在,“大贝尔实验”通过互联网做到了。

经过这些关闭漏洞的努力之后的实验结果,仍然都支持量子力学,而非隐变量理论。当然,没有任何实验可以说完全没有漏洞,但多数物理学家们认为,量子纠缠的非局域性现象是真实的,已经在 96%的置信水平上得到了验证。实验结果似乎没有站在爱因斯坦一边,所以,现代物理学家只好幽默而遗憾地说一句:“抱歉了,爱因斯坦!”

20

量子启迪了思考 物理联想到哲学

20.1 温伯格的困惑

著名理论物理学家史蒂文·温伯格(Steven Weinberg)从2016年开始,多次提到他对量子力学的不满。除了2016年发表在《环球科学》的文章[38]之外,还包括他于2017年和2018年做的演讲,以及2019年1月19日他为纽约书评写的一篇文章。温伯格在这些公开场合,表达了他作为一个资深物理学家,对量子物理未来前景的困惑和担忧。

在量子力学的发展过程中,不乏提出质疑的物理大师,爱因斯坦就是最著名的一个。但绝大多数物理学家,也包括抱质疑态度的大师们,都一致认为量子论对人类社会做出了杰出的贡献。量子力学被认为是自然科学史上被实验证明了的最为精确的理论,它是我们理解原子、原子核、电磁性,以及半导体、超导等微观现象的理论基础。

人们对量子论的分歧不在计算结果,而是在于不同的诠释。无论哪派的物理学家,都能学会程式化地使用抽象复杂的数学方法,对各种微观系统进行研究和计算,给出准确的结果。例如,量子力学对某些原子性质的理论预测,被实验验证结果的准确性达到$1/10^8$!

对量子理论诠释的认识有一个过程,温伯格说,他曾经同大多数物理学家一样,认为量子力学只要实用(能用于计算)就够了,无须深入探讨其基本概念和含义,但最近几年,他对量子力学的各种诠释越来越不满意,呼吁物理学家找到新的理论来解释量子力学中存在已久的问题。从这个意义上,温伯格明确地站到了当年爱因斯坦和薛定谔的那一边！

量子力学诠释的问题，一定程度上是与若干哲学问题相关的。曾经听过这样的说法："物理学做到极致，便会诉诸哲学。"笔者并不认为哲学能解决任何物理问题，但是不可否认两者之间的紧密关联。物理与哲学，探索的都是世界的本源问题，因此，最早期的物理学家，都同时又是伟大的哲学家。此外，几乎所有的物理学大师到了晚年都会走向哲学思维，温伯格的思想转变也可算作一个例子，从这些事实中不难体会到这两门学科之间深刻的内在联系。

20.2　科学、哲学、宗教——历史回顾

万物如何构成？世界的本质是什么？自人类文明开始，此类问题就伴随而生。古希腊时，哲学、科学为一体，均始于探求世界本源的本体论。泰勒斯认为世界本源是水，他的学生阿那克西曼德最为有趣且富有惊人的想象力，他最令人吃惊的科学预言有两个：一是他提出了与现代宇宙学中某些模型颇为相似的循环往复宇宙论；二是他思考生命起源，认为生命从湿气元素中产生，最初大家都是鱼，后来来到陆地上，进化成人。这听起来与现代生物理论相似。然后，泰勒斯的学生的学生阿那克西美尼，比他的老师显得平庸一些，不过他也有独特的看法，他认为万物之本源是气。还有最奇怪的是将"数"当作世界之本的毕达哥拉斯学派，这个学派奇怪的规则颇多，例如，其中包括"不能吃豆子""掉到地下的东西不能捡起来"之类匪夷所思的天方奇谈。

大凡哲学家们，总有些古怪行径。现在想象当年的古希腊一带，似乎充满了此类哲人。他们一个一个地排着队，走过古希腊，走过历史，走出爱琴海。从米利都到雅典、到埃及、到亚历山大港、到罗马。他们的脑袋中充满着当年的政治术语、哲学理念，也有伦理观念和科学思维。

米利都学派后面跟着毕达哥拉斯学派，这都是主张将万物归于一"本"的哲人们。不过，古希腊哲人并不仅仅研究本源问题，也探索世界随时间的变化规律，这正是赫拉克利特为代表的爱菲斯学派和巴门尼德为代表的爱利亚学派争论的焦点。前者认为万物都在变化着，"一切皆流"；后者则反驳说，没有事物是变化的，

只有静止不动。

主张“变化”的赫拉克利特，生性忧郁，以喜欢哭著称。他是一个出身高贵的异类，有机会做高官，继承王位，但他一生的大多数时候都将自己隐居起来，没有朋友，不近女人。因此，当时的希腊人将他看成一个珍稀动物。赫拉克利特最早将“逻各斯”这个名词引入哲学，用以说明万物变化的规律性。此外，赫拉克利特还是第一个提出认识论问题的哲学家。

认为万物本源是永恒静止的巴门尼德，是那个提出几个著名悖论的芝诺的老师。巴门尼德认为，世间的一切变化都是幻象，因此人不可凭感官来认识真实。整个宇宙只有一个永恒不变、不可分割的东西，他称之为“一”。芝诺捍卫老师的哲学观点，并提出了“阿基里斯和乌龟”“飞矢不动”等悖论为其学派辩护。

值得后人歌颂的，还有那位从西西里岛走出的恩培多克勒，也就是英国近代诗人马修·阿诺德笔下的那位跳进火山口而被烤焦死去的“热情的灵魂”。恩培多克勒认为万物皆由水、土、火、气四者构成，然后，在实物之上，他又加进了几项主观而热情的、类似“认识论”的元素，认为我们周围的宇宙是在“爱”与“冲突”的较量之间来回摆动。

与现代科学最为接近的古希腊学派，是留基波和德谟克里特(Democritus)的原子论。尽管他们所谓的“原子”，完全不同于今日我们称为原子的东西，但在思维方法上使人不能不惊叹古希腊人的智慧。对原子论哲学家而言，物质已经不复具有如米利都学派时那么崇高的地位。德谟克里特说，每个原子都是不可渗透、不可分割的，原子所做的唯一事情就是运动和互相冲撞，以及有时候结合在一起。在他们看来，灵魂是由原子组成的，思想也是一种物理的过程。原子论者令人惊奇地想出了这种当年没有任何经验观察为基础的“纯粹”假说，直到两千多年后，人们才发现了一些证据，用以解释化学上的实验事实。这种解释让原子论重新复活，并且导致了牛顿绝对空间时间的理论。

刚才说过，古希腊时科学哲学不分，共处一体。再到后来的雅典三杰以及亚里士多德时代，科学逐渐从哲学中脱胎分离出来。而宗教，则以解释世界的权威姿态，洋洋得意地出场。说是解释世界，其实它们什么也没解释，也解释不了。因为宗教只不过是将一切原因都归于上帝和神。宗教之权威与崇尚理性的科学格格不入，但它们仍然希望能拉大旗作虎皮，于是便拉上了哲学，将哲学这匹大布平铺在科学与宗教之间，借助于哲学，来与科学拉上关系，也将哲学家描述的美妙的世界图景，解释为"充分体现了上帝之完美"。

正如罗素所定义的：

> 哲学，乃是某种介乎神学与科学之间的东西。它和神学一样，包含着人类对于那些迄今仍为确切的知识所不能肯定的事物的思考；但是它又像科学一样是诉之于人类的理性而不是诉之于权威的，不管是传统的权威还是启示的权威。一切确切的知识都属于科学；一切涉及超乎确切知识之外的教条都属于神学。但是介乎神学与科学之间，还有一片受到双方攻击的无人之域；这片无人之域就是哲学。

然而，历史并不总是按部就班地尽随人意。当科学势如破竹地壮大发展起来，将宗教的权威势力范围几乎驱赶到了一个狭小的角落之时，夹在中间的哲学也拦不住两者的冲突了。于是，教会利用它最后的权威，烧死了布鲁诺，反对哥白尼的理论，软禁了伽利略。

但权威挡不住自由思想，最终，科学支持的本体论逐渐取得了胜利，以数学及观测实验为手段的科学方法论发展起来，取代了古希腊哲学家们纯粹思辨性的描述。同时，科学也接纳融合了认识论，启蒙运动席卷欧洲。虽然宗教人士仍然口口声声地宣称"一切最终都是神的安排"，但却显得如此软弱无力，因为科学似乎告诉我们：人类可以全方位地探索、理解和利用万物，无须借助于上帝！

当年的哲学家们依然得意，因为他们尚能勉强赶上科学进展的脚步，甚至有些自以为是地认为可以凌驾于科学之上来"指导"科学。于是，笛卡儿开启了唯理论，并建立起可以决定性解释世界的宏伟哲学大厦。之后的康德，算是启蒙时期的最后一位主要哲学家。他发展了世界本体的哲学思辨，提出人类理性有其认识的极限，认为时间、空间、基本粒子、因果律以及上帝是先验的而不是经验的，是人类理性所无法认识的，这理性之外的事物，又为信仰开启了地盘。

接着，科学继续突飞猛进。19世纪的100年间，麦克斯韦电磁场、热力学定律，以及元素周期表、化学、进化论、细胞学，令人目不暇接。在经典物理的光芒照射下，拉普拉斯提出闻名遐迩的决定论：如果可以知道现在宇宙中每一个原子的状态，那么就可以推算出宇宙整个的过去和未来！

哲学家和科学家们都信心十足、跃跃欲试，相信人类将给予世界以终极解释，决定一切的日子不远了！

不过，到了20世纪，情况好像有些不尽如人意！物理学中的相对论和量子力学两大革命，给人们脑海中的美妙图景带来了灾难性的冲击！物理学的革命，似乎带来了哲学的灾难？科学，年轻而有为，它大踏步地前进，所向披靡！科学不仅仅与哲学分离，科学本身各门学科的分类也越来越多、越来越细。即使是第一流的哲学家，也难以跟上科学的发展脚步，更不用说起指导作用了！那么，科学革命到底如何影响了哲学呢？下面我们只探讨量子论对原有几个哲学概念的冲击。

20.3　决定论面临破产

量子力学与经典力学之不同，可以从它们对粒子(如电子)运动的描述为例来说明。在牛顿力学中，粒子用它的“运动轨迹”来描述。所谓轨迹，是粒子的空间位置随着时间变化的一条“曲线”。经典粒子，一个时刻出现于一个空间点，这些点连接起来成为一条线，即粒子的轨迹。而在量子力学中，电子表现出“波粒二象性”，量子力学用波函数描述(一个)电子的运动。波函数是同时在空间每个点都有数值，类似于弥漫于整个海洋中的水分子密度。这就有了问题：一个电子怎么会同时出现于空间的每一个点呢？

为了回答上面的问题，物理学家一般将波函数解释为概率波。对此，我们又回到本节开始所述的温伯格之困惑。有关概率波，他有一段话发人深思：

> 概率融入物理学使物理学家困扰，但是量子力学的真正困难并非概率，而是这概率从何而来？描述量子力学波函数演化的薛定谔方程是确定性的波动方程，本身并不涉及概率，甚至不会出现经典力学中对初始条

件极为敏感的“混沌”现象。那么，量子力学中反映不确定性的概率究竟是怎么来的呢？

温伯格的疑问貌似数学问题，但细究数学方面并无问题。薛定谔方程是线性的，如使用坐标表象，在一定的初始和边界条件下，它的解（波函数）是时空的确定函数。产生不了混沌，也不涉及任何概率。问题来自于如何解释这个弥漫于整个空间的“波函数”？如何将它与电子的运动联系起来？波函数表示的物理图像不可能是电子的电荷在空间的密度分布。叫人如何想象一个在经典理论中被看作一个“点”粒子的“实体小球”，到量子力学中却成了分布弥漫于整个空间的东西？这种说法就连提出此解释的薛定谔本人也不能接受。

想来想去，比来比去，还是玻恩的概率解释比较靠谱，因而被大多数物理学家所接受。玻恩认为波函数是概率波，其模的平方代表粒子在该处出现的概率密度。

也就是说，人们使用概率解释，似乎仍然可以将电子想象成一个类似的经典小球（这使我们得到一点安慰），只不过我们不能确定这个小球在空间的位置，只能确定它在某点出现的概率！

于是，人们不再思考波函数，而转向思考概率，概率是什么呢？当然是从琢磨经典定义的“概率”开始。概率给世界带来了不确定性，它可以定义为对事物不确定性的描述。

20.4　概率的本质

然而，在经典物理学的框架中，不确定性是来自于我们知识的缺乏，是由于我们掌握的信息不够，或者是没有必要知道那么多。例如，当人向上丢出一枚硬币，再用手接住时，硬币的朝向似乎是随机的，可能朝上，也可能朝下。但按照经典力学的观点，这种随机性是因为硬币运动不易控制，从而使我们不了解（或者不想了解）硬币从手中飞出去时的详细信息。如果我们对硬币飞出时每个点的受力情况知道得一清二楚，然后求解宏观力学方程，就完全可以预知它掉下来时的方向了。换言之，经典物理认为，在不确定性的背后，隐藏着一些尚未发现的“隐变量”，一旦找出了它们，便能避免任何随机性。或者说，隐变量是经典物理中概率的来源。

那么，波函数引导到量子物理中的概率，是不是也是由更深一层的“隐变量”而产生的呢？

这个问题又使得物理学家们分成了两大派：一派是爱因斯坦为首的“隐变量”派，认为“上帝不会掷骰子！”一定是隐藏于更深层次的某些隐变量在起作用，使得微观世界看起来表现出不确定性；另一派则是以玻尔为首的“哥本哈根学派”，他们认为不确定性是微观世界的本质，没有什么更深层的隐变量！正是这个分歧，导致了爱因斯坦和玻尔之间的“世纪之争”。

1935年，爱因斯坦针对他最不能理解的量子纠缠现象，与两位同行共同提出著名的EPR佯谬，试图对哥本哈根诠释做出挑战，希望能找出量子系统中暗藏的“隐变量”。

爱因斯坦质疑量子力学主要有3个方面：确定性、实在性、局域性。这三者都与“概率之来源”有关。如今，爱因斯坦的EPR文章已经发表了80多年，特别在约翰·贝尔提出贝尔定理后，爱因斯坦的EPR悖论有了明确的实验检测方法。然而，令人遗憾的是，许多次实验的结果并没有站在爱因斯坦一边，并不支持当年德布罗意-玻姆理论假设的“隐变量”观点。反之，实验的结论是，没有隐变量，不确定性是世界的本质。

量子力学创始人之一的海森堡，给出了微观世界的不确定性原理。这个原理表明，粒子的位置与动量不可同时被确定，位置的不确定性越小，则动量的不确定性越大；反之亦然。不确定性原理被无数实验所证实，这是微观粒子内秉的量子性质，反映了世界不确定的本质。

世界本质上是不确定的，这个结论使得当年拉普拉斯有关决定论的宣言变成了一个笑话。实际上，我们仔细想想，还是非决定论容易理解。试想，某个科学家在某天出了个意外的车祸死去了，难道这是预先(他生下来时)就决定了的结果吗？当然不是！除了量子论揭露了世界的本质是非决定论的之外，对非线性导致的混沌理论的研究，也支持非决定论。混沌理论解释：即使是决定性的系统，也有可能产生随机的、非决定性的结果！

承认非决定性不难，难的是进一步解释下去。波函数的概率解释在理论上导致对概率本质的思考。而量子力学中的实验测量也使物理学家们困惑。微观世界是不确定的，宏观现象又都是确定的，如何从不确定的微观衔接过渡到确定的宏观？量子力学认为微观世界中粒子的状态是“叠加态”，是一种概率叠加态。而实验测量不到叠加态，只能得到某个确定值的“本征态”，这里的解释方法之一就是所谓的“波函数坍缩”，即“叠加态的波函数以某种概率坍缩成了本征态的波函数”。

测量为什么引起波函数坍缩？什么叫测量？

20.5 测量的本质：主观和客观

首先以电子双缝实验为例，回顾一下量子力学中“诡异”的测量现象(图 20-1)。

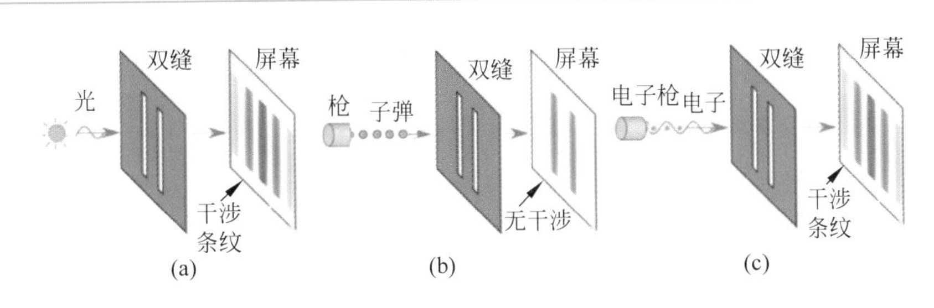

图 20-1 双缝实验

(a) 光的双缝实验；(b) 经典粒子的双缝实验；(c) 电子的双缝实验

双缝实验中，像发射子弹一样，让电子一个一个地射到“双缝”附近。从经典观点看，电子是一个一个过去的，不可能互相干涉。但实验结果却是屏幕上产生了干涉条纹。这表明电子具有波粒二象性，既是粒子又是波。电子的波粒二象性颇为奇特，而更为诡异的行为是表现在对电子的行为进行“测量”之时！

电子双缝实验中的干涉到底是如何发生的？为了探索这点，物理学家在两个狭缝口放上两个粒子探测器，企图测量每个电子到底走了哪条缝，如何形成了干涉条纹。然而，诡异的事情发生了！无数次的实验证实：一旦想要用任何方法观察电子到底是通过了哪条狭缝，干涉条纹便立即消失了，波粒二象性似乎不见了，实验给出与经典子弹实验一样的结果！

刚才说到“用任何方法观察电子”，引号中这句话表达的意思就是“测量”，或者称为“量子测量”。量子测量有别于经典宏观测量，主要是指在量子测量中，测量所涉及的仪器、方法和手段，一定会与微观系统相互作用，互相形成纠缠态，从而影响测量结果。而在宏观世界中进行的经典测量，就可以做到环境与被测系统独立，或者说改善实验条件，可以使互相之间的干涉很小，基本能够忽略不计。因而，经典测量基本可以做到不影响测量结果。

量子测量则有所不同，根据量子理论，微观世界的电子，通常处于一种不确定的、经典物理不能描述的叠加态：既是此，又是彼。例如，被测量之前的电子到达狭缝时，处于某种(位置的)叠加态：既在狭缝位置 A，又在狭缝位置 B。之后，“每个电子同时穿过两条狭缝!”产生了干涉现象。

但是，一旦在中途对电子进行测量，量子系统便发生“波函数坍缩”，也就是说，原来表示叠加态不确定性的波函数坍缩到一个固定的本征态。因此，波函数坍缩改变了量子系统，使其不再是原来的量子系统。量子叠加态一经测量，就按照一定的概率规则，回到了经典世界。

这种解释带来很多问题。所谓波函数坍缩，与演化是迥然不同的过程，演化遵循薛定谔方程，而波函数坍缩是随机的、不可逆的，没有适当的方程来描述。(后来有另一种说法“退相干”，也并不能完全令人满意，在此不表)。并且，至今也不清楚坍缩的内在机制究竟是什么。是什么触动了波函数的坍缩？是“观测”吗？人们经常说到“观测”，即观察加测量，但却没有给它下一个精确的定义。什么样的行为算是一次“观测”？仅仅仪器与粒子的相互作用，似乎还不能构成“观测”。那么，如何理解观测(测量)的本质？谁才能测量？只有“人”才能测量吗？猫能不能测量？计算机呢？机器人呢？测量和未测量的界限在哪里？

例如，月亮高高地挂在天上，用眼睛望它一眼，知道它在那儿，也就算作是一种测量。按照经典物理的观念，主观和客观是分开的。月亮客观存在于地球之外，不管我们主观意愿“看”还是“不看”它，它都在那儿。

然而，量子世界中不是如此，未“测量”之前，电子位置不确定，所以谈论“电子位置”没有意义。只有测量,才赋予电子以确切的位置。这句话似乎就是说,电子的客观存在性是以测量为前提的。所以,反对派就问:难道月亮只有在我们回头望的时候才存在吗?

测量,是人类有目的而进行的活动。要测量什么东西,涉及人的主观愿望。主观和客观也是长期有所争论的哲学话题。主观指人的意识,客观指不依赖于意识的物质世界。量子力学对测量的解释,使人们又回到哲学上关于主观和客观的困惑中。

以上诠释中电子的行为,也等同于公众皆知的“薛定谔的猫”:打开盖子前,猫是既死又活,只有揭开盖子后观测,猫之死活状态方能确定。那么,有人又问:猫自己不是也有感觉吗?虽然人没有打开盖子“看”,但猫自己应该知道自己的“死活”啊!

此外,我们还可以返回来思考爱因斯坦提出的 EPR 佯谬。因为波函数坍缩是在同一时刻发生在所有地方,对量子纠缠中的两个粒子,导致了爱因斯坦的“幽灵般超距作用”之困惑。总而言之,看起来,对量子力学的诠释违反了确定性、实在性和局域性。经典物理学从来认为物理学的研究对象是独立于“观测手段”存在的客观世界,而量子力学中的测量却将观测者的主观因素掺和到客观世界中,两者似乎无法分割。

测量中主观客观的关系也相关于概率的“主观客观”性。对概率通常也有两种极端的解释:频率派和贝叶斯派。频率派强调概率的客观性,一般用随机事件发生的频率之极限来描述概率;贝叶斯派则将对不确定性的主观置信度作为概率的一种解释,并认为,根据新的信息,可以通过贝叶斯公式不断地导出或者更新现有的置信度。贝叶斯派的主观概率思想与量子力学的正统诠释在某些方面有异曲同工之妙,因此有人提出量子贝叶斯模型,也许能为量子力学的诠释提供一种新的视角[39]。对此我们不予深究,感兴趣的读者可自行阅读参考文献[40]。

20.6 时间到底是什么(因果律)

时间是什么?时间是大自然的奥秘,也是物理学家最感复杂、最为困惑的事情之一。

量子力学与经典力学的巨大差异，启发我们许多哲学思考，特别是对哲学中最基本问题——时间和空间的思考。延迟选择实验把时间问题尤其凸显出来。最简单的问题往往有最复杂的答案，时间和空间的问题证明了这点。

在牛顿的经典物理学中，时间和空间都被视为是绝对的，凌驾于一切物理规律之上。空间就像是立于宇宙中的大框架，或者说，可以用互相做匀速运动的惯性坐标系来表示。时间呢，则是一个以不变的速度运行的大钟。物体按照一定的时间规律在三维的空间框架(惯性系)中运动。因此，牛顿力学中的时间独立于空间，在所有的惯性坐标参照系中，时间是以一样的速度流逝的。

之后，爱因斯坦深入思考时间空间的问题，特别是在对“同时性”概念研究的基础上，假设了光速不变定律，建立了狭义相对论；提出了不同于经典的、相对性的时间观念。在狭义相对论中，时间与空间不再互相独立而是互相关联。时间变成了相对的，意思是说，相对于不同的惯性系，时间的流逝速度不一样。

相对论强调“相对”，爱因斯坦认为，在你讨论问题之前，一定要明确你是处在(相对于)哪个参照系。例如，你在静止的 A 参考系内观察，会发现运动参考系 B 内的事件具有尺寸收缩、时间延缓等效应。但如果你在 B 内观察 A 内的情况时，也一样觉得 A 中事件的尺寸收缩了，时间延缓了。因此，时间的概念只对应于特定的参照系才有意义。

时间问题是狭义相对论的核心部分，由此而给予人们一个崭新的科学的时空观。广义相对论则更是将这种时空相对的观念扩大到具有物质和引力的情况，认为时间因物质的运动而改变，空间因物质的存在而弯曲！时间和空间都是与物质分布紧密相关的客观存在。

两个相对论是爱因斯坦对人类文明做出的最杰出贡献，然而，使人迷惑的是，爱因斯坦并未因相对论而获得诺贝尔奖，他被授予 1921 年诺贝尔物理学奖的原因是与量子力学有关的光电效应。通常，人们在评论这点时总将原因归结于“相对论太理论”“没有充分的实验验证”之类的理由。根据近年来科学史家们研究的结果，其原因可能与一位哲学家有关，是与出生于瑞士的法国哲学家亨利·柏格森(1859—1941)有关。

更为具体地说，爱因斯坦正是在他的革命性的"时间"概念的问题上，与柏格森有关时间的哲学思想产生了冲突。也很可能是因为这个原因，相对论没有获得诺贝尔奖[11]。

柏格森并非等闲之辈，他比爱因斯坦早生20年，当年爱因斯坦最开始建立相对论时，不过是个无名之辈，而柏格森已经是颇为著名的哲学家。并且，柏格森思想深邃、文笔优美，对公众具有强烈的吸引力和感染力。正因为如此，他后来获得了1927年度的诺贝尔文学奖。

柏格森哲学研究的专题之一，就是探索时间的本质。早在1889年，柏格森就发表了他有关时间的第一部著作——《时间与自由意志》，那时的爱因斯坦还是个10岁孩童，正在做着他的追光之梦。

这种年龄和背景的巨大差异，使得柏格森一开始并不把爱因斯坦放在眼里。不过，他没想到这个专利局的小职员，居然提出了两个相对论，并且在时间的概念上与他针锋相对，一颗物理明星正在冉冉升起。

爱因斯坦是从物理学的角度研究时间，尽管他的观念新颖而具革命性，但在哲学上仍然属于将"主观"和"客观"截然分开的二元论。那时候的量子力学也只是刚刚开头，还没有如我们今天感受到的如此多的哲学问题从物理中冒出来。所以，爱因斯坦的相对论与柏格森的哲学观念格格不入。

柏格森不是将时间看成是主观之外的抽象概念来关注，而是感兴趣于所谓"生活时间"，即探讨对作为生物的我们人类的主观世界而言，时间意味着什么？柏格森坚持认为，要想认识时间，不能只诉诸科学这一个视角，而必须有哲学视角。因此，柏格森在巴黎时就对相对论提出了质疑，这一点并非秘密，诺贝尔委员会的成员们也都知道。柏格森认为，时间与人们的生活经验及主观感受有关，如果不提及人类的意识和感知，就无法谈论时间。柏格森认为爱因斯坦用时钟来定义时间是荒谬的，因为如果我们没有主观的时间感觉，我们就不会去建造时钟，更不会使用它们。柏格森不理解，为什么要用"火车到达"之类重要事件的计时描述来确定同时性，柏格森追求的同时性是当事人的基本感觉。

总而言之，柏格森重视的是存在于人类主观意识中的时间概念，而爱因斯坦是从物体的运动状态来定义时间。1921年4月6日，爱因斯坦应邀参加在巴黎由法国哲学学会组织的一次学术活动，与柏格森不期而遇。两个当年最聪明的人有了观点交锋，在时间问题上采取了完全相反的立场。半年后，爱因斯坦获得了诺贝尔物理学奖，但颁奖理由是光电效应，而不是呼声颇高的相对论！这个结果是否真与那场辩论有关呢？需要留给后人去做进一步的研究和考证了。

爱因斯坦少年气盛，辩论中难免口出狂言，例如他说："哲学家所说的时间根本不存在"之类的断言，一定将当时已经60来岁的哲学大家柏格森气得吹胡子瞪眼。为了更好地反击爱因斯坦，宣扬自己的时间观，柏格森接着出版了一部书《绵延性和时间性》，他在书中说："钟的指针的运动对应着钟摆的摆动，但我们并没有像人们以为的那样测量了时间之绵延，而只是测量了同时性，那是另一种东西。要想理解时间，就要把钟表以外的一些新颖的、重要的东西纳入。"这里他指的新颖而重要的东西便是人类感觉一类的主观因素。

事实上，两个人当时都得到了不少领先的物理学家、哲学家、思想家的支持。然而，随着时间流逝，科技发展，时代变迁，爱因斯坦的时间观占据了主导地位，柏格森的主观观点开始逐渐被人们淡忘。似乎是象征着"理性"战胜了"直觉"，客观实在性打败了主观性。

然而，正当爱因斯坦认为他已经解决了时间的问题时，随之而来的是量子理论的发现，以及不确定性原理等。正如本书所介绍的，量子物理与经典物理之迥然不同，使我们重新思考对时间的理解。柏格森当年所坚持的主观时间概念，是否也有一定的正确性？是否有可能解决量子论中引发的若干困惑？对这些问题，也许我们还需要继续等待，时间本身会证明这一点。

21 玩游戏的数学大师　证电子有自由意志

物理世界是客观存在的，而解决问题的科学方法却总是人为的、主观的。回到前面说的测量过程，有一派观点（如冯·诺依曼）认为，人类意识的参与才是波函数坍缩的原因。那么，究竟什么才是“意识”？意识是独立于物质的吗？意识可以存在于低等动物身上吗？可以存在于机器中吗？这带来的种种问题，比波函数坍缩的问题还要多，而且至今无解。

但是，看起来，因量子力学测量而引发的，人的主观意识与物质世界的关系，是一个人们总想回避但却终究回避不了的事情，就像哲学家们争论了两千年以上的自由意志问题。

人类有关自由意志的思考，由来已久，但科学界的真正介入，却是因为十几年前（2006 年）被普林斯顿两位数学家[约翰·康威（John Conway）和西蒙·科钦（Simon Kochen）]所证明了的一个数学定理——“自由意志定理”[41-42]！

这个定理，也是来源于量子力学，可以用一句话简单地陈述它：“如果人有自由意志，那么亚原子粒子也有。”

也许大多数中国人乍一听这句话，都会觉得匪夷所思，怎么能把“意志”这种人类才具有的意识活动，与微观世界那些“无知无觉”的亚原子粒子联系在一起呢？

这有部分原因可能是由于中英文转换的问题，不过，“自由意志”所对应的英文是 free will，意思也差不多。这个名词引发人们争论了上千年，却一直没有一个准确的定义。但粗略地解释，就是人在决定做某件事的时候，他是否具有完全独立选择的意志？

20.1 自由意志

自由意志是一个古希腊开始就有的哲学概念，归功于公元前4世纪的亚里士多德。亚里士多德提出“四因说”，不完全等同但类似于现代的“因果”观念和决定论。从事件的“原因”往上推，便自然地终结到某种“神”力，宗教便用他的这个哲学推论来作为“神”存在的理论基础，但从而也引起一个令人深思的问题：既然一切都是神创造的，都是神的意愿，那么一个人犯的错误是否也是神设计的呢？换言之，犯法而杀人的罪犯是否应该受到惩罚呢？

因此，自由意志之所以受到持久的关注，主要是这个问题在哲学上和道德责任有关。对它的解读影响到宗教、神学和道义，也涉及心理学以及司法界判罪等问题。就像我们现在为机器人写程序，会有问题，也许使机器人犯错误伤害了人。但这不是机器人的责任而是程序员的错误，用自由意志的语言来表达，就可以说“机器没有自由意志啊”！

那么，上帝创造的人是否有自由意志呢？即使我们不涉及宗教神创论的观点，这个问题也显然与决定论还是非决定论有关。不仅神学上有决定论，科学上的经典物理也是决定论的(爱因斯坦也是笃信决定论的)。如果世界和人脑都是决定论的，一个人的基因和大脑结构，是在出生时就决定的，那么，他的所有行动，包括犯罪，是不是都预先决定了？

也就是说，如果决定论是成立的，那么还存在自由意志吗？决定论和自由意志可以相容吗？

在这个问题上，哲学家基本上分成了三大类：认为可以共存的算一类(相容主义者)；不可共存者又分两类，即一类支持决定论的决定论者(determinist)，另一类支持自由意志的自由论者(libertarian)。

偏向“可共存”的哲学家很多。柏拉图、笛卡儿、康德等，在某种意义上都算。这几个二元论者主张世界有意识和物质两个独立本原，物质世界的一切是决定了的，但意识世界是自由的。

荷兰的犹太哲学家斯宾诺莎(Spinoza)是决定论者。他在《伦理学》一书中，用写数学书的方式“证明”了自由意志不存在。

第三类是自由意志哲学家，代表人物是伊壁鸠鲁学派的卢克莱修(Lucretius)。伊壁鸠鲁(Epicurus，公元前341—前270)是第一个无神论哲学家，他的学说中最有趣的观点有两个：一是将享乐主义与德谟克利特的原子论结合起来；二是他对死亡的看法。伊壁鸠鲁认可德谟克利特的“灵魂原子”，认为人死后灵魂原子飞散各处，便没有了生命。所以伊壁鸠鲁认为对死亡没必要恐惧，因为“死亡和我们没有关系，只要我们存在一天，死亡就不会来临，而死亡来临时，我们也不再存在了。”

卢克莱修为伊壁鸠鲁的自由意志思想辩护，最出名的是他的长篇诗歌作品《物性论》，其中一些有意思的想法，和现代的量子不确定性原理有相似之处。

实际上，是不可能只从哲学的理性思辨就能回答“自由意志是否存在”这个问题的。所以，我们更感兴趣的是2006年由两位数学家证明的“自由意志定理”，从那时候起，才真正开始了物理学界对“自由意志”的哲学思考。

21.2 自由意志定理

数学家约翰·康威的名字早就广为人知，笔者于1980年到美国留学时，得州大学奥斯汀分校天文系的一位教授热衷于在计算机上玩一种“生命游戏”，就是康威发明的。这个游戏用几条简单的规则，模拟生命演化过程。

1）定义和公理

首先，两位数学家给“自由意志”下了一个明确的定义：not determined by past history，意思是做出的选择不能由过去发生过的历史所确定。用更为数学的语言来说，就是“不是宇宙所有过去历史的函数”。

以下为3个公设：SPIN、TWIN、MIN。

SPIN：源于量子力学，对一个自旋1粒子，在空间3个垂直的方向上测量其自旋的平方，总是得到两个1(黑点)，一个0(白点)，如图21-1所示3种情形。

TWIN：源于两个粒子量子纠缠(EPR)，当在相同方向上测量两个粒子自旋平方时，总是给出相同的结果(1或0)。

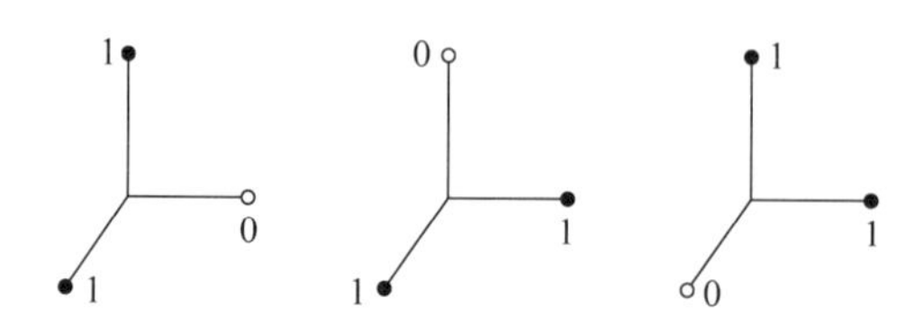

图 21-1　3 个方向测量自旋平方的 3 种组合情形

MIN：源于狭义相对论和因果率，光速最大，类空间隔的两个实验者不能互通消息和彼此影响。

2）KS 佯谬

自由意志定理被简称为 CK 定理，C 和 K 分别代表康威和寇辰。2006 年 CK 定理的工作是基于寇辰 40 年前的 KS 佯谬（寇辰-史拜克佯谬，S 代表另一位科学家史拜克）[43]。因此，明白 KS 佯谬是理解 CK 定理的关键。

KS 佯谬：如图 21-2 所示，在立方体的 6 个面上，每个面选择 9 个点，总共 54（6×9）个点，再加 12 条边的中点，共 66 个点，从立方体的中心向这 66 个点连线，可以得到 66 条射线。不过，位于同一条直线上的对应两点，被认为是表示同一个方向，所以，总共有 33 个方向。

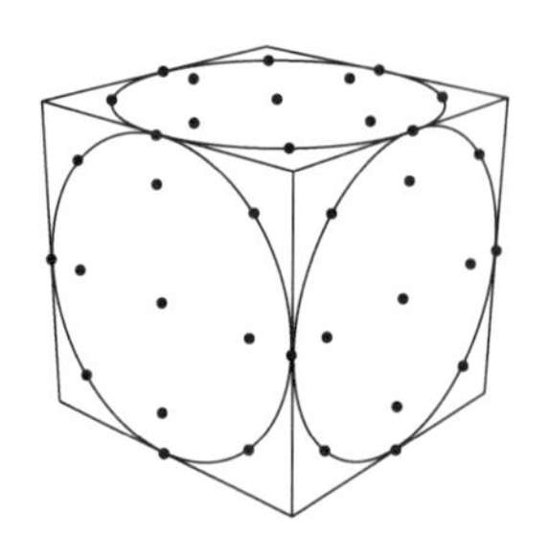
图 21-2　KS 佯谬用到 33 个方向

现在，我们给每个方向上都安排一个 0 或 1 的数值，就好比给图中的 33 个（双点）着上颜色，或黑或白。上面这个“对应点涂同样颜色”的操作不难做到，但是，如果再加上下面第二个涂色规则，就不一定了。

这33个方向中，可以构成一些互为垂直的3个一组的框架。第二条涂色规则要求：任意3个彼此垂直的方向上，都恰好被安排有两个1和一个0。也就是说，33个方向可能构成的40个不同的“三向架”，都要求是图21-1所示的3种情形中的一种。事实上，KS佯谬就是证明：不可能存在这样一种安排，使得满足上面两条涂色规则。

可以将以上的陈述说得更“数学”一些：对图21-2中的立方体和33个方向中的任意方向 w，不存在这样一个函数 $\beta(w)$，在任意3个彼此垂直的方向上，函数 $\beta(w)$ 给出的值为两个1，一个0。

3）思想实验

以上的定义、公设以及KS佯谬，都是为了最后证明“自由意志定理”服务的。康威和寇辰根据3个公设，提出了一个思想实验。

考虑自旋为1，静止质量不为0的某种粒子：它可以被一个3个分量的波函数所描述。这种粒子不是光子。光子因为静止质量为0，3个自旋分量只有两个非0分量是独立的，对应于经典电磁理论中的两个圆偏振。对于有静止质量的自旋为1的粒子，3个分量可以用(1,0,－1)来表示。

如果我们在空间中3个互为垂直的方向测量此类粒子的自旋，可按一定的概率得到(1,0,－1)。但因为3个方向的自旋算符不对易，所以不可能同时在3个方向测得确定的数值。为了解决这个问题，我们可以不测量自旋而测量自旋值的平方，因为在3个垂直方向的自旋平方的算符是互相对易的。测量结果总是两个1，一个0，这也就是图21-1所描述的SPIN公设的内容。

假设在思想实验中，上述粒子形成量子纠缠对 a 和 b(EPR)被发送出来。当 a、b 两个粒子的自旋平方在相同方向上被测量时，总是给出相同的结果。例如，爱丽丝在(x、y、z)方向上测量粒子 a 的自旋平方，而鲍勃在某个 w 方向上测量粒子 b 的自旋平方，如果正好 w 与 x、y、z 中的一个方向相同，则鲍勃测得的结果将与该方向上爱丽丝测得的结果一致。这是TWIN公设。

为了满足公设MIN，可以将爱丽丝和鲍勃分开一段距离，物理的语言叫作“类空间隔”。例如，爱丽丝带着粒子 a 在地球上进行测量，而鲍勃带着粒子 b 在火星上进行测量。这样，相对论和因果的时序性严格保证了他们各自都具有自由意志，做出选择。

4）结论

CK 定理，从“人具有自由意志”这个假定出发，用反证法来证明“粒子也具有自由意志”。也就是说，如果实验者的选择不是历史的函数，那么，被测量粒子给出的结果也不可能是历史的函数。在这里粗略地说，自由意志⇒不是历史的函数⇒不是预先设定的⇒没有隐变量。

实验者爱丽丝和鲍勃的自由意志是由几条公设保证了的，现在，假设实验结论反过来，即假设被他们测量的粒子 a 和 b 没有自由意志。由于实验者 B 具有自由意志，可以在 33 个方向中任意选择，这样的话，粒子 b 必须面对所有 33 种可能性给出与粒子 a 被测量时相符合的结果，就好似 b 带了一个“基因本”，即函数 $\beta(w)$，以保证这两点：①任意一个方向 w 的测量得到 0 或 1；②任意 3 个垂直方向得到一个 0 两个 1。然而，KS 佯谬已经证明，这样的函数 $\beta(w)$ 是不存在的，所以假设的结论不成立，所以就证明：粒子必须具有自由意志。

5）意义

自由意志定理与贝尔不等式比较，更为彻底、更为直接地否定了决定论。贝尔不等式否定的是定域隐变量，而自由意志定理否定了所有的隐变量，包括非定域的。

自由意志定理有一个基本假设：我们人类是拥有自由意志的。虽然不能证明这一点，但很少人持怀疑态度；否则，人还算人吗？

定理彻底否定了决定论，特别是很多哲学家赞成的二元论，宗教实质上也是支持二元论的。起码现代的基督教是如此，他们认为上帝造出的天使是完美的，但因为他们有自由意志而有时选择了罪恶才变成了魔鬼。

二元论哲学家笛卡儿认为，人的意识是自由的，但物质是决定论的。但 CK 定理将这两个世界联系起来，因为人的自由意志决定了粒子的自由意志，而宇宙万物包括人，都是由基本粒子组成的。因此，人、粒子、万物、整个宇宙都有自由。宇宙的未来并不确定。

仅物理而言，自由意志定理是对量子力学中不确定性的一个精确陈述。但其意义却超越量子，超越物理，潜在地陈述了整个世界的不确定性，这一点比量子力学本身更为基本。也许将来，别的理论取代了量子论，但却取代不了宇宙的不确定性。

CK的文章中对自由意志给出了明确的定义，粒子的行为显然是自由的，但意志体现在哪儿呢？从而进一步也思考从粒子到最高级的人脑自由意志的问题，基本粒子的自由意志可以只是它的不确定性的另一种表述。然而，从无生命到生命，还有各种层次的结构，如果蝇、植物、黏菌等，自由意志也应该体现出一个从复杂到简单的渐变过程。

自由意志定理使人们再度思考微观与宏观的过渡问题。我们仍然不能否定物质世界与精神意识之不同。一方面，物质世界中，微观过渡到宏观，量子物理中的不确定性过渡为经典物理的确定性；另一方面，生物界的进化过程，产生了大脑，继而产生了意识，这是一个比物质世界的过渡复杂得多得多的过程，到了意识阶段，人脑又有了“自由意志”，不确定性又回来了，这个过程是如何产生的呢？起码说明生物系统中，粒子的不确定性并没有完全被统计平均所掩盖，能在宏观行为中体现出来。自由意志定理也可以算是理性探讨“意识”“灵魂”等问题的一个开端。

参考文献

[1] PLANCK M. On the Theory of the Energy Distribution Law of the Normal Spectrum [J]. Verhandl. Dtsch. phys. Ges., 1900(2): 237.

[2] EINSTEIN A. Concerning an Heuristic Point of View Toward the Emission and Transformation of Light[J/OL]. Ann. Phys., 1905(17): 132-148[2020-06-01]. https://people.isy.liu.se/jalar/kurser/QF/references/Einstein1905b.pdf.

[3] BOHR N. On the Constitution of Atoms and Molecules[J/OL]. Philosophical Magazine,1913(26): 1-25, 476-502, 857-875[2020-06-01]. http://web.ihep.su/dbserv/compas/src/bohr13/eng.pdf.

[4] DE BROGLIE L. Recherches sur la théorie des quanta (Researches on the Quantum Theory) [M]. Paris: Thesis, 1924.

[5] 埃克特.阿诺尔德·索末菲传:原子物理学家与文化信使[M].方在庆,何钧,译,长沙:湖南科学技术出版社,2018.

[6] 海森堡.原子物理学的发展和社会[M].马名驹,等译.北京:中国社会科学出版社,1985.

[7] 王正行.海森堡开天辟地闯新路,玻恩慧眼识珠定乾坤[J].物理,2015,44(11):754.

[8] PAULI W. General Principles of Quantum Mechanics[M]. Berlin: Springer-Verlag,1980.

[9] 泡利.泡利物理学讲义(5)·波动力学[M].洪铭熙,苑之方,译.北京:人民教育出版社,1982.

[10] SCHRÖDINGER. An Undulatory Theory of the Mechanics of Atoms and Molecules [J]. Physical Review, 1926, 28(6): 1049-1070.

[11] 薛定谔.薛定谔讲演录[M].范岱年,胡新和,译.北京:北京大学出版社,2007.

[12] 玻恩,爱因斯坦.玻恩-爱因斯坦书信集(1916—1955)[M].范岱年,译.上海:上海科技教育出版社,2010.

[13] BORN M. My Life, Recollections of a Nobel Laureate[M]. New York: Charles Scribner's Sons,1978.

[14] 玻恩,黄昆.晶格动力学理论[M].葛惟锟,贾惟义,译.北京:北京大学出版社,2011.

[15] 宁平治.杨振宁演讲集[M].天津:南开大学出版社,1989.

[16] 杨振宁.美与物理学[EB/OL].[2020-06-01]. http://www.cuhk.edu.hk/ics/21c/issue/articles/040_970201.pdf.

[17] DIRAC P. The Principles of Quantum Mechanics[M]. Oxford: Oxford University Press,1958.

[18] 张天蓉. 狄拉克追求的数学美[EB/OL]. 科普中国,(2016-11-29)[2020-06-01]. http://www.kepuchina.cn/kpcs/ydt/kxyl1/201611/t20161129_48078.shtml.

[19] KRAGH H. Dirac: A Scientific Biography[M]. Cambridge: Cambridge University Press,1990.

[20] MEHRA J. The Solvay Conferences on Physics: Aspects of the Development of Physics Since 1911 [M]. Dordrecht: D. Reidel Publishing Company,1976.

[21] 张天蓉. 世纪幽灵：走近量子纠缠[M]. 合肥：中国科技大学出版社,2013.

[22] 范岱年，赵中立，许良英. 爱因斯坦文集：第二卷[M]. 北京：商务印书馆，1977.

[23] 居里. 居里夫人自传[M]. 陈筱卿，译. 武汉：长江文艺出版社，2019.

[24] 张天蓉. 电子，电子！谁来拯救摩尔定律 [M]. 北京：清华大学出版社，2014：41-60.

[25] 维基百科. 隧穿效应[EB/OL]. [2020-06-01]. https://zh.wikipedia.org/wiki/%E9%87%8F%E5%AD%90%E7%A9%BF%E9%9A%A7%E6%95%88%E6%87%89.

[26] EINSTEIN A, PODOLSKY B, ROSEN N. Can Quantum Mechanics description of physical reality be considered complete? [J]. Phys. Rev., 1935(47): 777.

[27] 张天蓉. 量子迷雾：都是波函数惹的祸！[EB/OL]. [2020-06-01]. http://blog.sciencenet.cn/blog-677221-1075843.html.

[28] NEUMANN J. Mathematical Foundations of Quantum Mechanics [M]. Berlin: Springer-Verlag,1955.

[29] 张天蓉. 爱因斯坦与万物之理：统一路上人和事 [M]. 北京：清华大学出版社，2016：124.

[30] 夏建白，葛惟昆，常凯. 半导体自旋电子学[M]. 北京：科学出版社，2008.

[31] 张天蓉. 走近量子纠缠系列之五　贝尔不等式[J]. 物理，2015，44(1)：44-46.

[32] 费曼，莱顿. 走近费曼丛书[M]. 王祖哲，秦克诚，周国荣，等译. 长沙：湖南科学技术出版社，2005.

[33] 张天蓉. 数学物理趣谈：从无穷小开始[M]. 北京：科学出版社，2015：124.

[34] 张天蓉. 极简量子力学[M]. 北京：中信出版社，2019：30-50.

[35] 惠勒. 延迟选择实验[M]//惠勒. 物理学和质朴性. 方励之，译. 合肥：安徽科学技术出版社，1982.

[36] 惠勒. 物理学和质朴性[M]. 方励之，译. 合肥：安徽科学技术出版社，1982.

[37] 虞涵棋. 万人挑战量子物理全球大实验结果出来了[EB/OL]. 科学网. (2018-05-10)[2020-06-01]. http://news.sciencenet.cn/htmlnews/2018/5/411790.shtm.

[38] WEINBERG S. The Trouble with Quantum Mechanics[EB/OL]. (2017-01-19)[2020-06-01]. http://www.nybooks.com/articles/2017/01/19/trouble-with-quantum-mechanics/.

[39] 张天蓉.概率之本质：从主观概率到量子贝叶斯.《知识分子》微信公众号：The-Intellectual,2017,7.

[40] 张天蓉.从掷骰子到阿尔法狗：趣谈概率[M].北京：清华大学出版社,2018：114.

[41] JOHN C,KOCHEN S. The Free Will Theorem[J]. Foundations of Physics, 2006, 36(10)：1441.

[42] JOHN C,KOCHEN S. The Strong Free Will Theorem[J]. Notices of the AMS, 2009,56(2)：226-232.

[43] KOCHEN S, SPECKER E P. The problem of Hidden Variables in Quantum Mechanics[J]. Journal of Mathematics and Mechanics, 1967,17(1)：59-87.

附录　量子大事记

1687 年,艾萨克·牛顿建立经典力学。

1807 年,托马斯·杨提出杨氏双缝实验。

1864 年,詹姆斯·麦克斯韦建立电磁理论。

1900 年,马克斯·普朗克解决黑体辐射问题,发现普朗克常数。

1905 年,阿尔伯特·爱因斯坦解释光电效应,提出光量子理论。

1913 年,尼尔斯·玻尔提出玻尔原子模型。

1923 年,阿瑟·康普顿完成 X 射线散射实验,证实光的粒子性。

1923 年,路易·德布罗意提出物质波。

1924 年,玻色寄给爱因斯坦自己的论文,提出玻色-爱因斯坦统计。

1925 年,维尔纳·海森堡、马克斯·玻恩、约尔当建立矩阵力学。

1925 年,沃尔夫冈·泡利提出泡利不相容原理。

1925 年,狄拉克提出 q 数。

1925 年,乌伦贝克和古德施密特提出电子自旋。

1926 年,埃尔温·薛定谔建立薛定谔方程。

1926 年,波动力学和矩阵力学被证明等价。

1926 年,玻恩提出波函数的概率解释。

1926 年,恩里科·费米提出费米-狄拉克统计。

1927 年,海森堡提出不确定性原理。

1927 年,科莫会议和第五次索尔维会议召开,互补原理成型。

1927 年,克林顿·戴维孙和雷斯特·革末发现电子衍射现象,证实了电子的波动性。

1927年，乔治·汤姆孙发现电子衍射现象证实了电子的波动性。

1928年，狄拉克建立相对论的量子力学方程，即狄拉克方程。

1928年，乔治·伽莫夫用量子隧穿效应解释原子核的阿尔法衰变。

1930年，第六次索尔维会议召开，爱因斯坦提出光箱实验。

1932年，冯·诺依曼建立量子力学的数学基础。

1932年，戴维·安德森在宇宙射线实验中发现正电子，证实了狄拉克的预言。

1932年，查德威克发现中子。

1935年，爱因斯坦、鲍里斯·波多尔斯基和罗森提出EPR佯谬。

1942年，美国原子弹研究的曼哈顿工程开始。

1945年，第一颗原子弹在新墨西哥州的沙漠中试爆成功。

1947年，威廉·肖克利发明晶体管。

1948年，理查德·费曼提出量子力学的路径积分表述。

1958年，罗伯特·诺伊斯、杰克·基尔比分别发明了集成电路。

1960年，西奥多·梅曼制成了世界上第一台激光器。

1961年，克劳斯·约恩松用双缝实验来检试电子的物理行为，发现电子干涉现象。

1964年，约翰·贝尔提出贝尔不等式。

1972年，约翰·克劳瑟和斯图尔特·弗里德曼(Stuart Freedman，1944—2012)完成第一次贝尔定理实验。

1957年，休·艾弗雷特提出量子力学的多世界诠释。

1979年，约翰·惠勒提出延迟选择实验。

1981年，理查德·费曼提出用计算机模拟量子物理，打开量子计算大门。

1982年，史卡利提出量子擦除实验的设想。

1982年，阿兰·阿斯佩等人成功地堵住了贝尔定理实验的部分主要漏洞。

1993年，贝尼特等人提出量子隐形传态理论。

1994年，彼得·秀尔提出量子质因数分解算法。

1995 年,玻色-爱因斯坦凝聚在实验室实现。

1996 年,洛夫·格罗弗(Lov Grover)提出量子搜索算法。

1998 年,安东·蔡林格等人完成贝尔定理实验,据说彻底排除了定域性漏洞。

2003 年,美国国防高级研究计划局(DARPA)建立第一个量子密钥分发保密通信网络。

2004 年,美国马萨诸塞州正式运行世界上第一个量子密码通信网络。

2007 年,美国实现了两个独立原子量子纠缠和远距离量子通信。

2009 年,DARPA 和 Los Alamos 国家实验室分别建成两个多节点量子通信互联网络。

2011 年,加拿大的 D-Wave 公司发布了"全球第一款商用型量子计算机",含有 128 量子比特。

2013 年,谷歌和美国国家航空航天局(NASA)在加利福尼亚的量子人工智能实验室发布 D-Wave Two。

2015 年,IBM 开发出四量子位原型电路,成为未来 10 年量子计算机基础。

2016 年,美国国家航空航天局(NASA)用城市光纤网络实现量子远距传输。

2016 年,来自全球的几个研究团队设计并参与了"大贝尔实验"。

2016 年,美国马里兰大学学院市分校发明世界上第一台可编程量子计算机。

2016 年,中国发射量子通信卫星"墨子号"。

2017 年,美国研究人员宣布完成 51 量子比特的量子计算机模拟器。

2018 年,英特尔宣布开发出新款量子芯片。

2018 年,谷歌发布包含 72 量子比特的量子计算芯片。

后记

迄今为止已有100多年历史的量子力学，不愧是科学史上的一座丰碑。即使对量子力学的诠释还有若干问题尚存，也掩盖不了几代物理学家前仆后继的贡献和成果。本书对开创时期的人物着墨更多一些，因为那是一个蓬勃发展、英雄辈出的时代。但即便如此，也只能蜻蜓点水式地画上几笔粗线条，写不完道不尽科学家们在崎岖科学路上披荆斩棘、辛勤攀登得到的成果和心路历程。

20世纪20年代开始，量子力学创立后不久，量子场论的框架便逐步形成。之后又在场论的基础上发展了粒子物理、标准模型、超弦理论等。此外，固体物理及凝聚态物理的研究和发展，以及近年来量子计算机和量子信息的研究，既是量子力学的应用，也反过来促进和推动量子理论的完善和进步。这其中有大批的人物和大事可记可写，也应属于量子物理史话的范畴，但我们并没有将这些内容包括到本书中，特此说明。